Mohamed Boualem
Natalia Djellab
Djamil Aissani

Propriété de décomposition stochastique dans les systèmes avec rappels

Mohamed Boualem
Natalia Djellab
Djamil Aissani

Propriété de décomposition stochastique dans les systèmes avec rappels

Décomposition stochastique dans les système d'attente avec rappels

Presses Académiques Francophones

Impressum / Mentions légales
Bibliografische Information der Deutschen Nationalbibliothek: Die Deutsche Nationalbibliothek verzeichnet diese Publikation in der Deutschen Nationalbibliografie; detaillierte bibliografische Daten sind im Internet über http://dnb.d-nb.de abrufbar.
Alle in diesem Buch genannten Marken und Produktnamen unterliegen warenzeichen-, marken- oder patentrechtlichem Schutz bzw. sind Warenzeichen oder eingetragene Warenzeichen der jeweiligen Inhaber. Die Wiedergabe von Marken, Produktnamen, Gebrauchsnamen, Handelsnamen, Warenbezeichnungen u.s.w. in diesem Werk berechtigt auch ohne besondere Kennzeichnung nicht zu der Annahme, dass solche Namen im Sinne der Warenzeichen- und Markenschutzgesetzgebung als frei zu betrachten wären und daher von jedermann benutzt werden dürften.

Information bibliographique publiée par la Deutsche Nationalbibliothek: La Deutsche Nationalbibliothek inscrit cette publication à la Deutsche Nationalbibliografie; des données bibliographiques détaillées sont disponibles sur internet à l'adresse http://dnb.d-nb.de.
Toutes marques et noms de produits mentionnés dans ce livre demeurent sous la protection des marques, des marques déposées et des brevets, et sont des marques ou des marques déposées de leurs détenteurs respectifs. L'utilisation des marques, noms de produits, noms communs, noms commerciaux, descriptions de produits, etc, même sans qu'ils soient mentionnés de façon particulière dans ce livre ne signifie en aucune façon que ces noms peuvent être utilisés sans restriction à l'égard de la législation pour la protection des marques et des marques déposées et pourraient donc être utilisés par quiconque.

Coverbild / Photo de couverture: www.ingimage.com

Verlag / Editeur:
Presses Académiques Francophones
ist ein Imprint der / est une marque déposée de
OmniScriptum GmbH & Co. KG
Heinrich-Böcking-Str. 6-8, 66121 Saarbrücken, Deutschland / Allemagne
Email: info@presses-academiques.com

Herstellung: siehe letzte Seite /
Impression: voir la dernière page
ISBN: 978-3-8381-4330-9

Copyright / Droit d'auteur © 2014 OmniScriptum GmbH & Co. KG
Alle Rechte vorbehalten. / Tous droits réservés. Saarbrücken 2014

Propriété de décomposition stochastique dans les systèmes avec rappels

Mohamed BOUALEM, Natalia DJELLAB, Djamil AISSANI

A ma très chère épouse Aïcha.
A mes très chers parents.
A Doris.
A Aksel
A toute ma famille.
A mes amis.

Je dédie ce travail.

Table des matières

Introduction générale   1

Partie I. Les modèles d'attente avec rappels et vacances   7

Introduction I   8

Chapitre 1   Systèmes de files d'attente avec rappels   10
- 1.1   Files d'attente classiques 11
  - 1.1.1   Description du modèle d'attente classique 11
- 1.2   Analyse mathématique d'un système de files d'attente 11
  - 1.2.1   Modèles markoviens 12
  - 1.2.2   Modèles non markoviens 12
- 1.3   Caractéristiques d'un système de files d'attente 13
- 1.4   Systèmes d'attente avec rappels 14
  - 1.4.1   Description du modèle d'attente avec rappels 14
- 1.5   Quelques cas modélisés par des systèmes de files d'attente avec rappels 16
  - 1.5.1   Problème de réservation 17
  - 1.5.2   Système informatique à temps réel 17
  - 1.5.3   Réseaux locaux $CSMA$ 17
- 1.6   Le système $M/G/1$ avec rappels 18
  - 1.6.1   Variable supplémentaire 19
  - 1.6.2   Chaîne de Markov induite 20
  - 1.6.3   Période d'activité 21
  - 1.6.4   Modèles d'attente avec des clients persistants 22
  - 1.6.5   Modèles d'attente avec des clients impatients 22
- 1.7   Politiques d'accès au serveur à partir de l'orbite 23
- 1.8   Autres modèles d'attente avec rappels 24

I

1.8.1	Modèles d'attente avec rappels et pannes	24
1.8.2	Modèles d'attente avec arrivées négatives	25
1.8.3	Modèles d'attente avec des temps de rappels généraux	26

Conclusion 27

Chapitre 2   Systèmes d'attente avec rappels et vacances   28

Introduction 28

Notes bibliographiques 28

2.1 Quelques cas modélisés par des systèmes de files d'attente avec rappels et vacances 31

2.2 Classification des modèles d'attente avec vacances 32

2.3 Analyse mathématique du modèle $M/G/1$ avec rappels constants et vacances .. 34

    2.3.1 Modèle mathématique 34

    2.3.2 Chaîne de Markov induite 35

Conclusion 38

Chapitre 3   Étude analytique des modèles d'attente avec rappels et vacances   39

3.1 Analyse du système $M/G/1$ avec rappels classiques et vacances 41

    3.1.1 Description du modèle 41

3.2 Chaîne de Markov induite 42

    3.2.1 Condition d'ergodicité 43

    3.2.2 Les probabilités de transition 44

    3.2.3 Distributions stationnaires de la chaîne de Markov induite 45

3.3 Approche par les processus régénératifs 49

    3.3.1 Distributions limites 49

    3.3.2 Décomposition stochastique 53

3.4 Quelques mesures de performance 54

Conclusion 55

Conclusion I   56

Partie II.   Inégalités stochastiques   57

Introduction II   58

Chapitre 4   Généralités sur la théorie des inégalités stochastiques   60

4.1 Propriétés générales des ordres partiels 61

    4.1.1 Ordre stochastique 63

Table des matières

	4.1.2 Ordre convexe	64
	4.1.3 Ordre concave	67
	4.1.4 Ordre en transformée de Laplace	68
	4.1.5 Ordre en fonctions génératrices	69
	4.1.6 Relations entre les ordres partiels	69
4.2	Modèles stochastiques et monotonie	70
	4.2.1 Modèles stochastiques	70
	4.2.2 Propriétés de monotonie	71
4.3	Comparabilité et monotonie des processus markoviens homogènes	73
	4.3.1 Opérateurs monotones et comparables	73
	4.3.2 Conditions de monotonie et de comparabilité	74
4.4	Distributions non-paramétriques	75
	4.4.1 Relation avec les distributions paramétriques	76
	4.4.2 Relation entre les classes de distributions non-paramétriques	77
Conclusion		77

Chapitre 5 Bornes stochastiques pour les systèmes d'attente avec rappels et vacances 78

5.1 Inégalités stochastiques pour le système $M/G/1$ avec rappels classiques 79
    5.1.1 Monotonie de la chaîne de Markov induite 79
    5.1.2 Inégalités stochastiques des distributions stationnaires 80
    5.1.3 Inégalités pour le nombre moyen de clients servis durant la période d'activité 81

5.2 Inégalités stochastiques pour le modèle d'attente $M/G/1$ avec rappels constants et vacances 81
    5.2.1 Inégalités préliminaires 82
    5.2.2 Monotonie de la chaîne de Markov incluse 87
    5.2.3 Inégalités stochastiques des distributions stationnaires du nombre de clients dans le système 94

Conclusion 96

Conclusion II 97

Conclusion générale 98

Bibliographie 100

Table des figures

1.1　Système classique de files d'attente 11
1.2　Système d'attente avec rappels 15
1.3　Schéma d'un réseau local 18

4.1　Relations entre les classes de distributions d'âge 77

5.1　Comparaison des distributions $\{f_n^{(i)}\}, i = 1, 2$, par rapport à l'ordre stochastique, pour différentes valeurs des paramètres dans Σ_i 84
5.2　Comparaison des distributions $\{\bar{\bar{f}}_n^{(i)}\}, i = 1, 2$, par rapport à l'ordre convexe, pour différentes valeurs des paramètres dans Σ_i 86
5.3　Comparaison des distributions $\bar{f}_n$ et $\bar{K}_n$ par rapport à l'ordre stochastique 90
5.4　Comparaison des distributions $\bar{\bar{f}}_n$ et $\bar{\bar{K}}_n$ par rapport à l'ordre convexe, pour différentes valeurs des paramètres 92

Introduction générale

Les origines de la théorie des files d'attente remontent à 1909 à l'époque où A. K. Erlang en a posé les bases dans ses recherches sur le trafic téléphonique. Ses travaux ont par la suite été intégrés à la recherche opérationnelle. Malheureusement, les publications sur la théorie des files d'attente ont adopté un langage de plus en plus mathématique, ce qui a freiné son utilisation. La situation a toutefois changé quand des gens ont commencé à appliquer la théorie des files d'attente à l'évaluation des performances. Pour ce type d'applications, il est apparu que même des modèles de files d'attente relativement simples fournissaient des résultats qui correspondaient de près aux observations réelles. On assista alors à une évolution rapide de la théorie des files d'attente qu'on appliqua à l'évaluation des performances des systèmes informatiques et aux réseaux de communication [93]. Les chercheurs oeuvrant dans cette branche d'activité ont élaboré plusieurs nouvelles méthodes qui ont été ensuite appliquées avec succès dans d'autres domaines, notamment dans le secteur de la fabrication [144]. On a aussi constaté une résurgence des applications pratiques de la théorie des files d'attente dans des secteurs plus traditionnels de la recherche opérationnelle [78], un mouvement mené par Peter Kolesar [95] et Richard Larson [101]. Grâce à tous ces développements, la théorie des files d'attente est aujourd'hui largement utilisée et ses applications sont multiples.

Cette théorie classique s'est très vite montrée inefficace face à des systèmes réels de plus en plus complexes. Dès la fin des années 1940, des chercheurs tels que Kosten [96] et Wilkinson [148] ont mis en évidence les limites de la théorie classique des files d'attente qui ne permettait pas d'expliquer le comportement stochastique des systèmes téléphoniques où les abonnés répétaient leurs appels en recomposant le numéro plusieurs fois jusqu'à l'obtention de la communication.

Ce phénomène de répétition de demandes du service a poussé certains chercheurs à étendre le modèle d'attente classique à celui dit *avec rappels* [53]. Cependant, l'influence de ce phénomène a été longtemps négligée durant les décennies suivantes. Ce n'est que vers les années 1970-1980 qu'on a vu un net regain d'intérêt pour cette catégorie de modèles, avec l'avènement de nouvelles technologies, notamment dans les systèmes de télécommunication : réseaux ATM. Les systèmes de files d'attente avec rappels peuvent être appliqués pour résoudre les problèmes pratiques, tels que l'analyse du comportement des abonnés dans les réseaux téléphoniques, l'analyse du temps d'attente pour accéder à la mémoire sur les disques magnétiques, ... [18, 142]. Ce type de modèles se rencontre également dans la modélisation de protocoles spécifiques de communication, tels que $CSMA$ (Carrier Sense Multiple Access) ou encore les disciplines Auto-Repeat, Ring-Back-When-Free, Repeat-Last-Number, ... [12, 87, 104]. Les progrès récents dans ce domaine sont résumés dans les articles de synthèse de Falin (1990) [66], Aïssani (1994) [3], Kulkarni et Liang (1997) [98], Templeton (1999) [137] et dans les monographies de Falin et Templeton (1997) [67] et Artalejo et Gòmez (2008) [26]. L'importance et l'actualité de ce domaine est également confirmée par l'organisation périodique d'une conférence internationale sur les systèmes d'attente avec rappels (International Workshop on Retrial Queues) : Madrid (Spain) (1998), Minsk (Belarus) (1999), Amsterdam (Netherlands) (2000), Cochin (India) (2002), Seoul (Korea) (2004), Miraflores de la Sierra (Spain) (2006), Athens (Greece) (2008), Beijing (China) (2010).

La définition du protocole de rappels est en effet un sujet de controverse (voir Falin (1990) [66]). En effet, il existe plusieurs applications (par exemple les systèmes téléphoniques) où chaque client bloqué génère une source de demandes répétées de service indépendamment du reste de clients dans l'orbite. Ainsi, la politique de rappels classiques suppose que la probabilité de rappel dans l'intervalle $(t, t+dt)$, sachant que j clients sont en orbite à l'instant t, est $j\alpha\, dt + o(dt)$ [22, 51, 152]. Par ailleurs, quelques applications aux réseaux informatiques et de communication sont basées sur le fait que le temps inter-rappels est contrôlé par un dispositif électronique et, par conséquent, est indépendant du nombre de clients demandant le service, alors la probabilité de rappel durant $(t, t+dt)$, sachant que l'orbite est non vide, est $\alpha\, dt + o(dt)$. Cette discipline est appelée politique de rappels constants [8, 27, 68]. Les deux cas peuvent être traités d'une manière unifiée en définissant une politique de rappels linéaires [24, 52].

Une autre classe très importante de files d'attente traite les systèmes dans lesquels le serveur reste oisif quand la file d'attente est vide. Cependant, le temps d'oisiveté du serveur pourrait être utilisé pour une tâche secondaire dans le but d'améliorer l'efficacité du système [130, 143]. Ces situations pratiques peuvent être analysées par des modèles appelés : " Modèles de files d'attente avec vacances". Il est à noter que dans le cas des systèmes d'attente avec pannes actives et

Introduction générale 3

réparation, les périodes de panne ou de réparation peuvent être aussi vues comme des périodes de vacances. Les files d'attente avec rappels peuvent être également considérées comme un cas particulier des systèmes de files d'attente avec vacances, où la période de vacances commence à la fin de chaque temps de service et dure jusqu'à ce que le serveur soit réactivé par l'arrivée d'un client primaire (de l'extérieur) ou bien secondaire (de l'orbite) [23]. Autrement dit, la période d'oisiveté du serveur peut être considérée comme une période de vacances [103].

L'étude des modèles de files d'attente avec vacances du serveur remonte aux travaux de Saaty [122] et Sherr [124]. Ce n'est que vers les années 1980-1990 que cette catégorie de modèles a connu un regain d'intérêt. Ce qui a ouvert les portes à diverses publications de plusieurs auteurs, à savoir Furhmann et Cooper [70], Doshi [59, 60], Takagi [134], Teghem [136], Tian et Zhang [139], à partir desquelles des extensions aux cas de files d'attente multiples ont été réalisées.

Les modèles de files d'attente avec rappels et vacances sont caractérisés par la présence simultanée des phénomènes de répétition de demandes et de vacances à la fois. Dans ces modèles, durant la période de vacances, le serveur est occupé par les tâches supplémentaires, ainsi il n'est pas disponible aux nouvelles arrivées de clients primaires ni secondaires. Dans ce cas, tout client qui trouve le serveur non disponible (occupé ou en vacance) est bloqué, alors il quitte la zone de service et rappelle à des intervalles de temps aléatoires, jusqu'à ce qu'il le trouve oisif pour qu'il puisse être servi. La littérature liée à ces systèmes d'attente est vaste et riche, alors il est possible de trouver un grand nombre de variantes et de généralisations. Artalejo (1997) [17] a considéré une file $M/G/1$ avec rappels constants et politique de vacances exhaustive. Plus tard, Aissani (2000) [6] a considéré une file d'attente avec rappels constants, arrivées par lots et vacances exhaustives du serveur. Les temps de service et les périodes de vacances sont arbitrairement distribués. Il a obtenu les fonctions génératrices du nombre de clients dans le système et dans l'orbite en régime stationnaire. En 2003, il considère le même modèle en incluant les pannes du serveur [7]. Récemment, Aïssani (2008) [8] considère une file d'attente $M/G/1$ avec la politique de rappels constants et vacances du serveur, quand les temps de rappels, les temps de service et les temps de vacances sont distribués arbitrairement. La distribution du nombre de clients dans le système en régime stationnaire est obtenue en termes de fonction génératrice. Par la suite, il donne une approximation pour une telle distribution. Cette étude constitue une analyse complète des rappels constants dans le cas de ces modèles.

En raison de la complexité des modèles d'attente avec rappels et vacances, les résultats analytiques sont généralement difficiles à obtenir ou ne sont pas très exploitables du point de vue pratique. Pour résoudre le problème, on fait appel aux méthodes d'approximation qui permettent d'avoir des estimations quantitatives et/ou qualitatives pour certaines mesures de performance. On peut citer, entre autres, les méthodes pour la solution des processus stochastiques non markoviens (méthode de la chaîne de Markov induite, méthode de la variable supplémentaire, processus de diffusion, processus régénératifs, ...) [9, 90, 131, 141], les méthodes de comparaison stochastique [113, 133], les méthodes de stabilité [11, 132], les méthodes de simulation [47, 56], la propriété de décomposition stochastique [23, 70], les méthodes numériques [26, 129] et les heuristiques [88, 89].

La propriété de décomposition stochastique (PDS) offre l'avantage de simplification de résolution des modèles complexes. Cette propriété présente diverses applications pratiques dans l'étude du modèle $M/G/1$ avec rappels [23]. La validité de la PDS a été étendue aux modèles avec rappels et vacances [6, 8, 17, 51, 147]. Dans [17], à l'aide d'une approche régénérative, l'auteur a étudié un système d'attente de type $M/G/1$ avec rappels constants et vacances du serveur. En supposant que le système est en régime stationnaire et à l'aide d'un système auxiliaire $M/G/1$ avec rappels et sans vacances, l'auteur a obtenu la décomposition stochastique pour le nombre de clients dans le système. Cette décomposition fournit trois composantes : la première est liée au système $M/G/1$ ordinaire, la seconde aux rappels et la dernière aux vacances.

La méthode de comparaison stochastique est un outil mathématique utilisé pour l'étude des performances de certains systèmes modélisés par des chaînes de Markov à temps continu ou discret. Ces études sont motivées par la difficulté d'obtenir des résultats de performance explicites pour la plupart de ces systèmes. L'idée générale de cette méthode est de borner un système complexe par un nouveau système, plus simple à résoudre et fournissant des bornes qualitatives pour ces mesures de performances. Cette approche est basée sur la théorie des ordres stochastiques (ordre stochastique, ordre convexe, ordre de Laplace, ...) [125, 133]. Son avantage est qu'elle peut être appliquée à plusieurs domaines tels que l'économie, la biologie, la recherche opérationnelle, la théorie de fiabilité, la théorie de décision, les files d'attente et les réseaux informatiques et de télécommunication [37, 75, 111, 113, 138]. Il existe une littérature abondante sur ce sujet. Pour des détails sur les comparaisons stochastiques et leurs applications dans les systèmes d'attente classiques, voir Stoyan [133]. Pour des travaux concernant les systèmes d'attente avec vacances, on peut mentionner Tedijanito [135]. Des résultats intéressants sont obtenus pour les systèmes d'attente avec rappels, voir Liang [107], Liang et Kulkarni [108], Shin et Kim [128] et Khalil et Falin [86]. Dans [86], les auteurs investiguent quelques propriétés

Introduction générale

de monotonie de la file $M/G/1$ avec rappels et distribution exponentielle des temps de rappels en utilisant la théorie générale des ordres stochastiques.

Le but de notre travail est de faire une étude quantitative (analyse stationnaire) et qualitative (en utilisant les méthodes de comparaison stochastique) de deux variantes de systèmes d'attente avec rappels et vacances, ayant deux politiques de rappels différentes respectivement.

En effet, dans un premier temps, on effectue une analyse mathématique du système d'attente $M/G/1$ avec rappels classiques et vacances du serveur. Pour cela, nous établissons les probabilités de transition, la condition d'ergodicité et les distributions stationnaires en termes de fonctions génératrices associées à ce modèle, en utilisant la technique de la chaîne de Markov induite [43, 44]. De plus, à l'aide d'une approche récursive basée sur la théorie des processus de Markov régénératifs, nous déterminons les fonctions génératrices des distributions limites associées à l'état du serveur, la décomposition stochastique du nombre de clients dans le système et quelques autres mesures de performance.

Dans un second temps, on réalise une étude qualitative du système d'attente $M/G/1$ avec une politique de rappels constants et vacances du serveur. En effet, les caractéristiques de performance d'un tel système sont disponibles sous formes explicites. Cependant, les résultats obtenus ne sont pas très exploitables du point de vue pratique. Pour cela, on utilise la méthode de comparaison stochastique [133] pour étudier les propriétés de monotonie du modèle considéré relativement à l'ordre stochastique et à l'ordre convexe, afin d'obtenir des bornes simples pour la distribution stationnaire de la chaîne de Markov induite liée à ce modèle [40, 41, 42, 45]. Ce travail constitue une extension de celui effectué par Khalil et Falin pour le système d'attente $M/G/1$ avec rappels classiques [86].

Cette thèse est constituée d'une introduction générale, de deux parties, d'une conclusion générale et d'une bibliographie.

La première partie concerne les systèmes de files d'attente avec rappels et vacances. Le premier chapitre comprend une synthèse sur les systèmes de files d'attente avec rappels. Quelques exemples d'application des modèles d'attente avec rappels sont cités et le peu de résultats connus, notamment dans le système $M/G/1$ avec rappels exponentiels, est présenté. Dans le second chapitre, on donne une synthèse sur les systèmes de files d'attente avec rappels et vacances du serveur. Le troisième chapitre concerne l'analyse mathématique du modèle d'attente $M/G/1$ avec rappels classiques et vacances du serveur.

La deuxième partie concerne l'étude des inégalités stochastiques. Dans le quatrième chapitre, on donne un aperçu sur la notion des ordres partiels usuels (ordre stochastique, convexe et de Laplace), ainsi que des éléments sur la théorie de comparabilité des processus stochastiques. En particulier, on définit la monotonie interne et externe d'un processus stochastique. On présente aussi les classes de distributions d'âge issues de la théorie de la fiabilité. Le cinquième chapitre est consacré à l'étude des inégalités stochastiques pour le modèle $M/G/1$ avec rappels constants et vacances. On donne les conditions pour lesquelles l'opérateur de transition de la chaîne de Markov incluse est monotone par rapport aux ordres stochastique et convexe. On étudie la comparabilité des opérateurs de transition pour les chaînes de Markov incluses de deux systèmes $M/G/1$ avec rappels et vacances, ainsi que la comparabilité des distributions stationnaires respectives des nombres de clients dans les deux systèmes. En dernier lieu, on montre que la distribution stationnaire du nombre de clients dans un système $M/G/1$ avec rappels constants et vacances du serveur est majorée (respectivement minorée) par la distribution stationnaire du nombre de clients dans un système $M/M/1$ avec rappels constants et vacances du serveur si la distribution de service est $NBUE$ (New Better than Used in Expectation) (respectivement $NWUE$-New Worse than Used in Expectation).

Première partie

Les modèles d'attente avec rappels et vacances

Introduction I

Dans cette partie, nous présentons les approches de base de la théorie des files d'attente. La raison principale du succès de cette théorie, introduite pour la première fois dans l'analyse des systèmes téléphoniques [62], est la combinaison de la puissance d'expression et de l'efficacité des solutions qu'elle offre.

Plusieurs études ont été menées sur les files d'attente. Une présentation générale et claire est donnée dans la monographie de Cox et Smith [54]. L'ouvrage de Sakarovitch [123] propose une approche beaucoup plus mathématique. Une multitude d'autres publications [91, 92] a été consacrée à l'application des files d'attente à différents systèmes dans le but de modéliser et résoudre des problèmes tels que : construire des lignes téléphoniques en minimisant les temps d'attente pour obtenir une communication, organiser un système multi-processeurs, un système de temps partagé, un réseau d'ordinateurs, ...

La théorie de files d'attente donne deux méthodes principales pour la résolution du conflit qui se produit lorsqu'un client arrive dans le système et trouve le(s) serveur(s) occupé(s) :

♦ Il quitte le système pour toujours sans être servi, ce qui correspond au *système d'Erlang avec refus* (Erlang Loss System) appelé aussi *modèle d'appel perdu*.

♦ Il peut attendre dans une file d'attente pour être servi dès la libération du serveur, ce qui correspond au *système de files d'attente classique* (Queueing System).

Une situation intermédiaire est envisageable par un rappel ultérieur pour le service, autant de fois qu'il le faut, à des intervalles de temps aléatoires, jusqu'à ce que le client puisse trouver un serveur libre. Ceci correspond à un *système de files d'attente avec rappels* (Retrial Queueing System). Ce type de systèmes peut modéliser le service des avions à l'atterrissage dans un aéroport (d'où l'origine du terme "entrer en orbite"), ou le comportement des "processus" (tâches, programmes, ...) dans un réseau informatique, constitué d'un ordinateur central et d'un ensemble de périphériques (terminaux), ou le protocole $CSMA$ (Carrier Sense Multiple

Access), protocole spécifique de communication dans les réseaux locaux.

Dans les systèmes d'attente avec rappels, le serveur est supposé généralement servir sans interruption. Ainsi, les périodes de panne ou de réparation sont rarement étudiées. Cependant, il est plus réaliste dans un système à commutation téléphonique par exemple, ou dans un réseau de télécommunication, qu'un appel ou une transmission de message ne puisse se faire à cause d'une panne du serveur (ligne téléphonique ou canal de transmission respectivement). Cette panne qui peut arriver d'une manière aléatoire ainsi que la tâche de réparation qui lui succédera, peuvent être vues comme des périodes de vacances.

De la même manière, les processeurs dans les systèmes informatiques et les systèmes de communication exécutent en plus de leurs fonctions primaires, des tâches de tests et de maintenance préventive qui permettent principalement de préserver le système contre les pannes et de prévoir une haute fiabilité de celui-ci. Ces périodes peuvent aussi être considérées comme des vacances du serveur [60]. Ainsi, ces systèmes qui sont caractérisés par la présence simultanée des phénomènes de rappels et de vacances , sont appelés "systèmes d'attente avec rappels et vacances" (Retrial Queue with Vacations) [6, 17].

Il est important de signaler par ailleurs, que les principales méthodes et caractéristiques de la théorie des systèmes d'attente avec rappels sont différentes de celles correspondant aux systèmes avec vacances [23].

1
Systèmes de files d'attente avec rappels

Introduction

Les phénomènes d'attente sont devenus l'une des préoccupations de l'Homme depuis bien longtemps. *Attendre*, constitue la tâche la plus désagréable de la vie moderne. Comment gérer un système présentant des files d'attente, afin d'améliorer sa qualité de service ? Cette question a été abordée, pour la première fois en mathématiques, par Erlang [62] en étudiant et en modélisant les réseaux téléphoniques. Ainsi est née la théorie des files d'attente. Depuis, plusieurs types de systèmes ont été étudiés et une multitude d'approches ont été développées. Dans les années 70, la théorie des files d'attente a servi à la modélisation des systèmes informatiques centralisés et des réseaux de transmission de données. Les systèmes de files d'attente sont très étudiés et une abondante littérature couvre ce sujet (voir [34, 62, 85, 91, 92]).

Dans ce chapitre, nous commençons par une description du modèle général de files d'attente classique. Ensuite, nous nous intéresserons particulièrement aux files d'attente avec rappels. Nous présenterons par la suite quelques exemples de problèmes qui peuvent être modélisés par ce type de modèles. Dans les sections suivantes nous donnerons une synthèse des différents modèles d'attente avec rappels ainsi que les principaux résultats et techniques obtenus dans la littérature.

1.1 Files d'attente classiques

1.1.1 Description du modèle d'attente classique

Une file d'attente peut se décrire comme un système où les clients (modélisant les activités qui ont besoin d'accéder aux ressources) arrivent à des instants aléatoires vers une station (modélisant les ressources) pour recevoir un service. À la lumière des exemples précédents, on voit que les clients peuvent être de toutes sortes (appels téléphoniques, machines, ...), de même que la station de service (central téléphonique, processeur, ...). La station de service peut comprendre un ou plusieurs serveurs. Quand ceux-ci sont tous occupés, les clients doivent alors patienter dans un espace d'attente (si celui-ci existe) jusqu'à ce qu'un serveur soit disponible. Une représentation graphique d'une file d'attente classique est donnée par la figure 1.1.

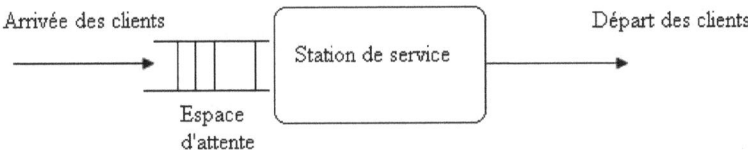

FIGURE 1.1 – Système classique de files d'attente

1.2 Analyse mathématique d'un système de files d'attente

L'étude mathématique d'un système de files d'attente se fait généralement par l'introduction d'un processus stochastique, défini de façon appropriée. On s'intéresse principalement au nombre de clients $X(t)$ se trouvant dans le système à l'instant t $(t \geq 0)$.

En fonction des quantités qui définissent le système, on cherche à déterminer :
- Les probabilités d'état $P_n(t) = P(X(t) = n)$, qui définissent le régime transitoire du processus stochastique $\{X(t), t \geq 0\}$. Il est évident que les fonctions $P_n(t)$ dépendent de l'état initial ou de la distribution initiale du processus.

Chapitre 1 : Systèmes de files d'attente avec rappels 12

- Le régime stationnaire du processus stochastique est défini par :

$$\pi_n = \lim_{t \to \infty} P_n(t) = P(X(+\infty) = n) = P(X = n), \quad (n = 0, 1, 2, ...).$$

$\{\pi_n\}_{n \geq 0}$ est appelée distribution stationnaire du processus $\{X(t), t \geq 0\}$.

Le calcul explicite du régime transitoire s'avère généralement pénible, voire impossible, pour la plupart des modèles donnés. On se contente donc de déterminer le régime stationnaire.

1.2.1 Modèles markoviens

Ils caractérisent les systèmes dans lesquels les deux quantités stochastiques principales qui sont le temps des inter-arrivées et la durée de service sont des variables aléatoires indépendantes exponentiellement distribuées (modèle $M/M/1$). La propriété d'absence de mémoire de la loi exponentielle facilite l'étude de ces modèles. L'étude mathématique de tels systèmes se fait par l'introduction d'un processus stochastique approprié. Ce processus est souvent le processus $\{X(t), t \geq 0\}$ défini comme étant le nombre de clients dans le système à l'instant t. L'évolution temporelle du processus markovien $\{X(t), t \geq 0\}$ est complètement définie grâce à la propriété d'absence de mémoire.

1.2.2 Modèles non markoviens

En l'absence de l'exponentialité ou plutôt lorsque l'on s'écarte de l'hypothèse d'exponentialité de l'une des deux quantités stochastiques : le temps des inter-arrivées et la durée de service, ou en prenant en compte certaines spécificités des problèmes par introduction de paramètres supplémentaires, on aboutit à un modèle non markovien. La combinaison de tous ces facteurs rend l'étude mathématique du modèle très délicate, voire impossible. On essaye alors de se ramener à un processus de Markov judicieusement choisi à l'aide de l'une des méthodes d'analyse suivantes [9, 10] :

Méthode des étapes d'Erlang : Son principe est d'approximer toute loi de probabilité ayant une transformée de Laplace rationnelle par une loi de Cox (mélange de lois exponentielles), cette dernière possède la propriété d'absence de mémoire par étapes.

Méthode de la chaîne de Markov induite : Cette méthode, élaborée par Kendall [85], est souvent utilisée. Elle consiste à choisir une séquence d'instants $1, 2, 3, ...n$ (déterministes ou aléatoires) telle que la chaîne induite $\{X_n, n \geq 0\}$, où $X_n = X(n)$, soit markovienne et homogène.

Méthode des variables auxiliaires : Elle consiste à compléter l'information sur le processus $\{X(t), t \geq 0\}$ de telle manière à lui donner le caractère markovien. Ainsi, on se ramène à l'étude du processus $\{X(t), A(t_1), A(t_2), ...A(t_n)\}$. Les variables $A(t_k), k \in \{1, 2, ..., n\}$ sont

Chapitre 1 : Systèmes de files d'attente avec rappels

dites auxiliaires.

Méthode des événements fictifs : Le principe de cette méthode est d'introduire des événements fictifs qui permettent de donner une interprétation probabiliste aux transformées de Laplace et aux variables aléatoires décrivant le système étudié.

Simulation : C'est un procédé d'imitation artificielle d'un processus réel donné sur ordinateur. Elle nous permet d'étudier les systèmes les plus complexes, de prévoir leurs comportements et de calculer leurs caractéristiques. Les résultats obtenus ne sont qu'approximatifs, mais peuvent être utilisés avec une bonne précision. Cette technique se base sur la génération de variables aléatoires [56] suivant les lois gouvernant le système.

D'autres méthodes d'analyse de systèmes non markoviens existent, telle que l'approche par les martingales et les méthodes d'approximation.

1.3 Caractéristiques d'un système de files d'attente

On note λ le taux d'arrivée des clients. Cela signifie que l'espérance de la durée séparant deux arrivées successives est $E(X) = 1/\lambda$.

On note θ le taux de service des clients. Cela signifie que l'espérance de la durée de service est $E(Y) = 1/\theta$.

L'intensité du trafic s'exprime de la manière suivante :

$$\rho = \frac{\lambda}{\theta} = \frac{E(Y)}{E(X)},$$

où X est la loi des inter-arrivées et Y est la loi de service.

La distribution stationnaire du processus stochastique introduit permet d'obtenir les caractéristiques d'exploitation du système, telles que : le temps d'attente d'un client (le temps qu'un client passe dans la file d'attente), le temps de séjour d'un client dans le système (composé du temps d'attente et de la durée de service), le temps de réponse d'un système, le taux d'occupation des dispositifs de service, la durée de la période d'activité (l'intervalle de temps pendant lequel il y a toujours au moins un client dans le système) ; et les mesures de performance suivantes :

⋄ L : nombre moyen de clients dans le système de files d'attente,
⋄ L_q : nombre moyen de clients dans la file,
⋄ W : temps moyen de séjour d'un client dans le système,
⋄ W_q : temps moyen d'attente d'un client dans la file.

Ces valeurs sont liées les unes aux autres par les relations suivantes :

- $L = \lambda W$,
- $L_q = \lambda W_q$,
- $L = L_q + \lambda/\theta$,
- $W = W_q + 1/\theta$.

Les deux premières sont appelées "formules de Little". Il est à noter que ces formules sont valables sous la vérification de la condition d'ergodicité du système $\rho = \lambda/\theta < 1$. Ces formules expriment tout simplement le fait qu'en régime stationnaire le nombre moyen de clients dans la file est égal au taux d'arrivée des clients multiplié par le temps moyen d'attente des clients. Elles rappellent un comportement poissonien de la longueur de la file d'attente en régime stationnaire.

1.4 Systèmes d'attente avec rappels

Plusieurs situations d'attente ont la caractéristique que les clients doivent rappeler, pour une certaine raison, pour être servis. Quand le service d'un client est insatisfait, il doit rappeler jusqu'à l'accomplissement de son service. Ces modèles d'attente apparaissent dans la modélisation stochastique de plusieurs situations réelles. Par exemple, dans la transmission de données, un paquet transmis de la source à la destination peut être retourné et le processus doit se répéter jusqu'à ce que le paquet soit finalement transmis.

Les progrès récents dans ce domaine sont résumés dans les monographies de Falin et Templeton (1997) [67], Artalejo et Gòmez (2008) [26] et une classification bibliographique sur les systèmes avec rappels est donnée par Artalejo [19, 20].

1.4.1 Description du modèle d'attente avec rappels

Un système d'attente avec rappels (Retrial Queue) est un système composé de s ($s \geq 1$) serveurs identiques et indépendants, d'un buffer de capacité $N - s$ ($N \geq s$) et d'une orbite de capacité M. À l'arrivée d'un client, s'il y a un ou plusieurs serveurs libres et en bon état, le client sera servi immédiatement et quittera le système à la fin de son service. Sinon, s'il y a des positions d'attente libres dans le buffer, le client le rejoindra. Par ailleurs, si un client arrive et trouve tous les serveurs et toutes les positions d'attente du buffer occupés, il quittera le système définitivement avec la probabilité $1 - H_0$, ou bien entre en orbite avec la probabilité H_0 et devient une source d'appels répétés et tentera sa chance après une durée de temps aléatoire.

Les clients qui reviendront et rappelleront pour le service sont dits en "orbite". Cette dernière peut être finie ou infinie. Dans le cas d'une orbite à capacité finie, si elle est pleine, un client

Chapitre 1 : Systèmes de files d'attente avec rappels

qui trouve tous les serveurs et les positions d'attente du buffer occupés, sera obligé de quitter le système définitivement sans être servi.

Chaque client en orbite appelé aussi *client secondaire*, est supposé rappeler pour le service à des intervalles de temps suivant une loi de probabilité et une intensité de rappels bien définie (rappels constants, rappels classiques, ou bien rappels linéaires, ...). Chacun de ces clients secondaires est traité comme un *client primaire* c'est-à-dire un nouveau client qui arrive de l'extérieur du système. S'il trouve un serveur libre, il sera servi immédiatement puis quittera le système. Sinon, s'il y a des positions d'attente disponibles dans le buffer, il le rejoindra. Par contre, si tous les serveurs et les positions d'attente sont encore occupés, le client quittera le système pour toujours avec la probabilité $1 - H_k$ (si c'est le $k^{\text{ème}}$ rappel sans succès) ou bien entre en orbite avec la probabilité H_k si l'orbite n'est pas pleine.

Le schéma général d'un système d'attente avec rappels est donné par la figure 1.2.

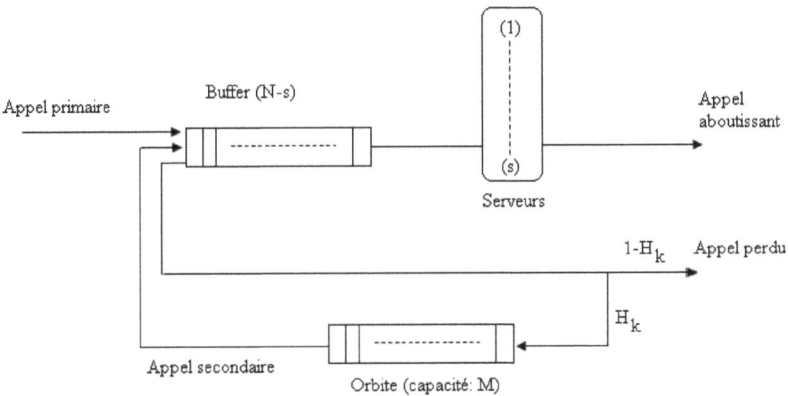

FIGURE 1.2 – Système d'attente avec rappels

Remarque 1.1.   1. Le modèle d'attente avec rappels décrit ci-dessus est un modèle général. Plusieurs systèmes de files d'attente avec rappels peuvent être considérés comme des cas particuliers tels que : les systèmes sans buffer, les systèmes à un seul serveur, ...

2. La description d'un système de files d'attente ordinaire (classique) se fait avec ses éléments principaux : le processus d'arrivées, le mécanisme de service (disponibilité et nombre de serveurs) et la discipline d'attente. Pour un système avec rappels, on doit ajouter un élément décrivant la loi des répétitions d'appels. En fonction du modèle considéré, on pourra introduire d'autres éléments décrivant la fiabilité du serveur, les types de priorité, ...

3. Les clients primaires ou secondaires qui arrivent durant un temps de service, entrent en orbite sans aucune influence sur le processus de service.

Notation : [152]

En utilisant la notation de Kendall, un modèle de files d'attente avec rappels est noté comme suit : $A/B/s/N/M/H$, où

- A décrit la distribution des temps des inter-arrivées des clients.
- B décrit la distribution du temps de service de chaque client.
- s est le nombre de serveurs dans le système.
- N est la capacité du système.
- M est la taille de la population (source) de clients.
- H est la fonction de persévérance qui permet de définir le comportement du client devant une situation de blocage (serveurs occupés).

H peut être décrite par un vecteur $H = (H_0, H_1, H_2, ..., H_k, ...)$, où H_k est la probabilité qu'après que la $k^{ème}$ tentative échoue, un abonné rappelle pour la $(k+1)^{ème}$ fois.

- Quand $H_k = 1$ pour $k \geq 0$, le système devient un système sans perte. Ainsi, chaque client reçoit éventuellement le service si M est infinie. Dans ce cas, $H = NL$ (sans perte).
- Quand $H_k = \alpha < 1$ pour $k \geq 0$, le système est dit un système à perte géométrique et $H = GL$ (Geometric Loss).

1.5 Quelques cas modélisés par des systèmes de files d'attente avec rappels

Il existe aujourd'hui des centaines de publications sur les systèmes avec rappels où des exemples concrets ont été cités (Yang et Templeton (1987) [152], Aïssani (1994) [3], Falin et Templeton (1997) [67], Artalejo et Gòmez (2008) [26], Amador et Artalejo (2009) [14]) en rapport avec les nouveaux développements technologiques dont l'intérêt porté s'accroît de jour en jour. Nous présentons quelques exemples de problèmes (extraits de [152]) pouvant être modélisés par ces systèmes. Ceux-ci vont du cas le plus simple de réservation à d'autres cas plus complexes comme les réseaux locaux $CSMA$.

1.5.1 Problème de réservation

C'est l'exemple le plus simple d'un client qui sollicite une réservation par téléphone dans un restaurant. Il y a une ligne unique qui est consacrée à répondre aux requêtes des réservations. Ainsi, si un client appelle et trouve la ligne occupée, il renouvellera sa tentative après une certaine période de temps aléatoire avec la probabilité H_k qui, en pratique, est strictement inférieure à 1 car le client ne peut rappeler indéfiniment.

Cet exemple peut être modélisé par une file d'attente $M/G/1$ avec rappels et avec perte en considérant que le processus d'arrivée des appels est poissonnien. L'étude de ce genre de problèmes permet de prédire le temps d'attente du client, le nombre de clients perdus dû à ce blocage, ...

1.5.2 Système informatique à temps réel

Dans un système informatique à temps réel, on trouve M terminaux et S canaux de transmission tels que $M > S$. Pour qu'un terminal soit connecté à l'ordinateur, il suffit d'un canal de transmission libre. L'illustration de ce genre de système est le centre de calcul où arrive un étudiant pour utiliser l'ordinateur pendant une période de temps aléatoire. Celui-ci doit d'abord trouver un terminal libre pour se connecter. S'il n'y a aucun terminal disponible, il retentera sa chance après un temps aléatoire. Sinon, il envoie sa demande au commutateur central pour se connecter à l'ordinateur. Le terminal est alors connecté selon que le canal serait disponible ou pas. Dans ce dernier cas, la demande est mise dans la file par le commutateur en attente de libération d'un canal.

Ce système peut être modilisé par une file $G/G/S$ avec rappels, avec un tampon (espace d'attente) de capacité M et une orbite de taille infinie, où les canaux de transmission correspondent aux serveurs et les terminaux au tampon.

1.5.3 Réseaux locaux $CSMA$

Dans les réseaux locaux se partageant un bus unique, l'un des protocoles de communication le plus généralement utilisé est appelé protocole non-persistant $CSMA$ (Carrier Sense Multiple Access), c'est une méthode d'accès à un réseau local.

Un réseau local simple est composé de stations ou de terminaux interconnectés par un bus unique, qui est le canal de communication. Ainsi, les stations communiquent les unes avec les autres via le bus qui peut être utilisé par une seule station à la fois. Une telle architecture de réseau d'ordinateurs local est appelée architecture en bus.

Des messages de longueurs variables arrivent aux stations du monde extérieur. En recevant le message, la station le découpe en un nombre fini de paquets de longueur fixe, et consulte immédiatement le bus pour voir s'il est occupé ou bien libre. Si le bus est libre, l'un de ces paquets est transmis via ce bus à la station de destination et les autres paquets sont stockés dans le tampon pour une transmission ultérieure. Par contre, si le bus n'est pas libre, tous les paquets sont stockés dans le tampon (positions d'attente) et la station peut reconsulter le bus après une certaine période aléatoire.

Ce problème peut être modélisé comme un système d'attente avec rappels à un seul serveur, qui est le bus, et les tampons des stations représentent l'orbite.

Ce système est décrit dans la figure 1.3.

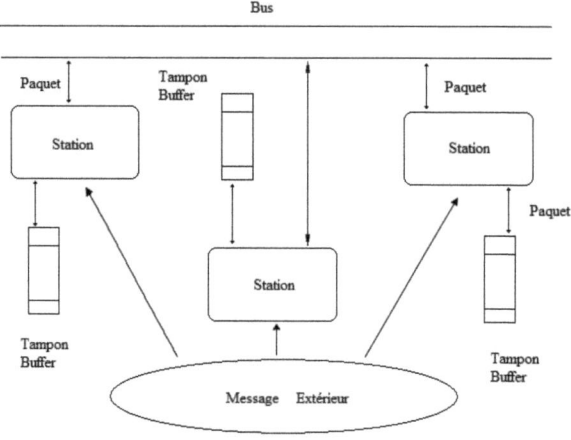

FIGURE 1.3 – Schéma d'un réseau local

1.6 Le système $M/G/1$ avec rappels

Le modèle $M/G/1$ avec rappels est le modèle le plus étudié par les spécialistes et il existe une littérature abondante sur ses diverses propriétés [2, 14, 15, 22, 28, 46, 57, 86, 103, 109].

Soit λ le taux du flot poissonnien des appels primaires. La durée de service τ est de loi

Chapitre 1 : Systèmes de files d'attente avec rappels　　　　　　　　　　　　　　**19**

générale, de moyenne $\frac{1}{\theta}$, de distribution B et de transformée de Laplace-Stieltjes $\widetilde{B}$. La durée entre deux rappels successifs d'une même source secondaire est exponentielle de paramètre μ. La description du système est la suivante : on suppose que le $(i-1)^{\text{ème}}$ appel termine son service à l'instant η_{i-1} (les appels sont numérotés dans l'ordre de service) et le serveur devient libre. Même s'il y a des clients dans le système, ils ne peuvent occuper le service immédiatement. Donc le $i^{\text{ème}}$ appel suivant, n'entre en service qu'après un intervalle de temps R_i durant lequel le canal est libre, bien qu'en général il y ait des clients qui attendent. À l'instant $\xi_i = \eta_{i-1} + R_i$, le $i^{\text{ème}}$ client débute le service durant un temps S_i. Tous les rappels qui arrivent durant ce temps de service n'influent pas sur le processus. Alors à l'instant $\eta_i = \xi_i + S_i$, le $i^{\text{ème}}$ client achève son service et le canal devient encore libre et ainsi de suite.

1.6.1 Variable supplémentaire

Le premier résultat sur le système $M/G/1$ avec rappels a été obtenu Par Keilson et al. [55], en utilisant la méthode de la variable supplémentaire (la variable auxiliaire). Ils ont obtenu les probabilités d'état et les fonctions génératrices du nombre de clients dans le système. L'état du système peut-être décrit par le processus

$$X(t) = \begin{cases} N(t), & \text{si } C(t) = 0, \\ \{C(t), N(t), \xi(t)\}, & \text{si } C(t) = 1. \end{cases}$$

Où, $C(t) = 0$ ou 1 selon que le serveur est libre ou actif, $\xi(t)$ est une variable aléatoire à valeurs dans $\mathbb{R}^+$, et désignant la durée de service résiduelle à la date t si $C(t) = 1$, et $N(t)$ représente le nombre de clients dans l'orbite. Notons par :

$$P_{0j}(t) = P(C(t) = 0, N(t) = j),$$

et

$$P_{1j}(t, x) = P(C(t) = 1, N(t) = j, x < \xi(t) < x + dx), \ j > 0.$$

Si $\rho = \lambda/\mu < 1$, le système est stable. La fonction génératrice du nombre de clients dans le système est donnée par

$$\pi(z) = \frac{(1-\rho)(1-z)\widetilde{B}(\lambda - \lambda z)}{\widetilde{B}(\lambda - \lambda z) - z} \frac{\phi(z)}{\phi(1)}, \tag{1.1}$$

où

$$\phi(z) = \exp\left\{\frac{-\lambda}{\mu} \int_0^z \frac{1 - \widetilde{B}(\lambda - \lambda x)}{x - \widetilde{B}(\lambda - \lambda x)} dx\right\}.$$

On aura alors,

$$\pi(z) = \frac{(1-\rho)(1-z)\widetilde{B}(\lambda - \lambda z)}{\widetilde{B}(\lambda - \lambda z) - z} \exp\left\{-\frac{\lambda}{\mu} \int_1^z \frac{1 - \widetilde{B}(\lambda - \lambda x)}{x - \widetilde{B}(\lambda - \lambda x)} dx\right\}. \tag{1.2}$$

Cette formule, appelée "décomposition stochastique", signifie que le nombre de clients dans un système $M/G/1$ avec rappels s'écrit comme somme de deux variables :
l'une est le nombre de clients dans le système $M/G/1$ ordinaire et l'autre est une variable aléatoire positive de fonction génératrice $\dfrac{\phi(z)}{\phi(1)}$.

1.6.2 Chaîne de Markov induite

La méthode de la chaîne de Markov induite a été utilisée pour la première fois par Choo et Conolly (1979) [50] : soit (X_i) la chaîne de Markov induite aux instants de départs, où $X_i = X(\eta_i)$ représente le nombre de clients dans le système après le $i^{\text{ème}}$ départ.
Il est clair que (X_i) est une chaîne de Markov et

$$X_{i+1} = X_i - \delta_{X_i} + \Delta_{i+1},$$

où Δ_i est le nombre d'appels primaires durant le service du $i^{\text{ème}}$ client. La variable aléatoire Δ_{i+1} ne dépend pas des événements qui se sont produits avant l'instant ξ_{i+1} du début de service du $(i+1)^{\text{ème}}$ client.
La distribution de Δ_i est la suivante :

$$P(\Delta_i = k) = P_k = \int_0^\infty \exp(-\lambda x) \frac{(\lambda x)^k}{k!} \, dB(x).$$

La variable δ_{X_i} est une variable aléatoire de Bernoulli

$$\delta_{X_i} = \begin{cases} 1, & \text{si le } (i+1)^{\text{ème}} \text{ client servi provient de l'orbite}, \\ 0, & \text{sinon}. \end{cases}$$

Elle a pour distribution

$$P(\delta_{X_i} = 1/X_i = n) = \frac{n\mu}{\lambda + n\mu},$$

et

$$P(\delta_{X_i} = 0/X_i = n) = \frac{\lambda}{\lambda + n\mu}.$$

Les probabilités de transition en un pas s'écrivent alors :

$$P_{ij} = \frac{i\mu}{\lambda + i\mu} P_{j-i+1} + \frac{\lambda}{\lambda + i\mu} P_{j-i}.$$

En posant

$$Q(z) = \frac{(1-\rho)(1-z)\widetilde{B}(\lambda - \lambda z)}{\widetilde{B}(\lambda - \lambda z) - z},$$

Chapitre 1 : Systèmes de files d'attente avec rappels 21

l'équation (1.1) s'écrira

$$\pi(z) = Q(z)\frac{\phi(z)}{\phi(1)}.$$

Cette formule est appelée "décomposition stochastique" du système $M/G/1$ avec rappels [15].

Si on note par $\bar{n}_s$ le nombre moyen de clients dans le système, alors $\bar{n}_s = \bar{n}_\infty + \beta$, où β est la variable aléatoire de fonction génératrice $\frac{\phi(z)}{\phi(1)}$, et $\bar{n}_\infty$ est le nombre moyen de clients dans le système attente $M/G/1$ ordinaire.

$$Q(z) = \frac{(1-\rho)\widetilde{B}(\lambda - \lambda z)(1-z)}{\widetilde{B}(\lambda - \lambda z) - z}. \quad (1.3)$$

La formule (1.3) n'est autre que la formule de "Pollaczek-Khintchine" pour le nombre de clients dans le système $M/G/1$ (FIFO, ∞).

Les caractéristiques du système $M/G/1$ avec rappels sont données dans l'article de Yang et Templeton [152] comme suit :

Nombre moyen de clients dans le système :

$$\bar{n} = \rho + \frac{\lambda^2 E(\tau^2)}{2(1-\rho)} + \frac{\lambda\rho}{\mu(1-\rho)}. \quad (1.4)$$

Nombre moyen de clients dans l'orbite : D'après les formules de Little, on a :

$$\bar{n}_o = \bar{n} - \rho = \frac{\lambda^2 E(\tau^2)}{2(1-\rho)} + \frac{\lambda\rho}{\mu(1-\rho)}. \quad (1.5)$$

Temps d'attente et nombre de rappels : Le temps d'attente d'un client est mesuré à partir du temps d'entrée dans le système jusqu'au temps du commencement du service. Pour trouver le temps moyen d'attente $\bar{w}$, on utilise la formule de Little $\bar{n} = \bar{w}\lambda$. On aura :

$$\bar{w} = \frac{\lambda E(\tau^2)}{2(1-\rho)} + \frac{\rho}{\mu(1-\rho)}. \quad (1.6)$$

Une fois $\bar{w}$ obtenu, il est aisé de déduire $\bar{\eta}$, le nombre moyen de rappels par client :

$$\bar{\eta} = \mu\bar{w} = \frac{\lambda\mu E(\tau^2)}{2(1-\rho)} + \frac{\rho}{1-\rho}. \quad (1.7)$$

1.6.3 Période d'activité

Une période d'activité est définie comme étant la période qui débute à l'instant t_0 d'arrivée d'un premier client primaire dans un système vide ($C(t_0 + 0) = 1, N(t_0 + 0) = 0$) jusqu'à l'instant t_1 où le système redevient vide pour la première fois :

$$t_1 = \inf\{t : t > 0, C(t) = 0, N(t) = 0\}.$$

Chapitre 1 : Systèmes de files d'attente avec rappels 22

On note $L = t_1 - t_0$, la durée de la période d'activité du système, cette période est constituée d'une alternance de période d'activité et d'inactivité du serveur.

La période d'activité pour le modèle $M/M/1$ a été étudiée par Choo et Conolly (1979) [50], qui fournissent une procédure récursive de calcul des moments de la variable L. Falin (1990) [66] procède à une étude de la période d'activité en utilisant la méthode des catastrophes qui permet de donner des résultats plus explicites dans le cas du système $M/G/1$.

Lopez-Herrero (2002) [109] a présenté les formules explicites pour les probabilités du nombre de clients (noté I) servis dans une période d'occupation, et une expression explicite pour le second moment de I pour un système d'attente $M/G/1$ avec rappels a été également donnée. Il a aussi employé le principe du maximum d'entropie pour estimer les distributions de I. Amador et Artalejo (2009) [14] utilisent le système $M/G/1$ avec rappels pour étudier de nouveaux descripteurs du comportement d'un client (primaire et secondaire) en investiguant la distribution : i) des rappels effectués avec succès, ii) des arrivées effectuées avec succès, iii) des rappels bloqués.

1.6.4 Modèles d'attente avec des clients persistants

Le modèle avec clients persistants est un modèle infini sans perte où tout client ne peut quitter le système définitivement que s'il est servi. Dans ce cas, la fonction de persévérance H_k ($k \geq 1$) est toujours égale à 1.

Le système est stable si la condition d'ergodicité ($\rho < 1$) est vérifiée. Dans ce cas, le nombre moyen de clients dans l'orbite est donné par Falin [66] :

$$\bar{n}_o = \frac{\lambda^2}{1-\rho}\left(\frac{\beta_1}{\mu} + \frac{\beta_2}{2}\right), \qquad (1.8)$$

où, $\beta_k = (-1)^k \tilde{B}^{(k)}(0)$, est le moment d'ordre k de la distribution des temps de service $B(x)$. $\tilde{B}(s) = \int\limits_0^\infty \exp(-sx) dB(x)$, est la transformée de Laplace-Stieltjes de $B(x)$.

Dans le système $M/G/1$ avec rappels, l'égalité (1.8) est équivalente à l'égalité (1.5).

1.6.5 Modèles d'attente avec des clients impatients

Ce modèle est le plus réaliste qu'on rencontre notamment dans les réseaux téléphoniques où le client qui rappelle après un certain nombre de tentatives décide d'y renoncer. Ceci se traduit par une fonction de persistance H_k ($k \geq 1$)$\leq$ 1. Il est admis que la probabilité de rappel ne dépend pas du nombre de tentatives précédentes (i.e, $H_2 = H_3 = ...$). Cependant, les cas $H_2 < 1$ et $H_2 = 1$ conduisent à des solutions différentes du problème :

Chapitre 1 : Systèmes de files d'attente avec rappels

1. Cas $H_2 = 1$:
   Si $\rho H_1 < 1$ et la file est dans un état stable, alors selon Lubacz et Roberts [110], le nombre moyen de clients en orbite est donné par :
   $$\bar{n}_o = \frac{\lambda^2 H_1}{1 - \rho H_1} \left(\frac{\beta_1}{\mu} + \frac{\beta_2}{2(1 + \rho(1 - H_1))} \right),$$
   où, $\beta_k = (-1)^k \tilde{B}^{(k)}(0)$, est le moment d'ordre k de la distribution $B(x)$.
   $\tilde{B}(s) = \int_0^\infty \exp(-sx) dB(x)$, est la transformée de Laplace-Stieltjes de $B(x)$.

2. Cas $H_2 < 1$:
   Ce cas est très compliqué et on ne dispose de résultats que pour des cas particuliers où la distribution des temps de service est exponentielle [63].
   Dans le régime stationnaire (qui pour le cas $H_2 < 1$ existe toujours), le nombre moyen de clients dans la file est
   $$\bar{n}_o = \frac{\lambda H_2 + (\lambda H_1 - \mu H_2)\zeta}{\mu(1 - H_2)(1 + \zeta)},$$
   où
   $$\zeta = \rho \frac{\phi(a+1, c, \gamma)}{\phi(a, c, \gamma)},$$
   et
   $$\phi(a, c, \gamma) = \sum_{n=0}^{\infty} \frac{\gamma^n}{n!} \prod_{i=0}^{n-1} \frac{a+i}{c+i},$$
   est la fonction hypergéométrique à trois paramètres :
   $a = \dfrac{\lambda}{\mu}, \quad c = \dfrac{\mu + (1 + H_2)(\lambda + \mu)}{(1 - H_2)\mu} \quad \text{et} \quad \gamma = \dfrac{\lambda H_1}{(1 - H_2)\mu}.$

Dans le cas de fonction de distribution générale $B(x)$, différentes approximations ont été proposées telles la généralisation du modèle classique avec des clients impatients qui quittent le système avec un certain taux τ [53, 149], ou l'utilisation d'une transformation algébrique [80].

1.7 Politiques d'accès au serveur à partir de l'orbite

La définition du protocole de rappels est en effet un sujet de controverse (voir Falin (1990) [66]) et concerne l'aspect modélisation du système sous étude. Le protocole le plus décrit dans la théorie classique des files d'attente avec rappels est la politique de rappels classiques dans laquelle chaque source dans l'orbite rappelle après un temps exponentiellement distribué avec un paramètre α. Donc, il y a une probabilité $n\alpha dt + o(dt)$ d'un nouveau rappel dans le prochain intervalle $(t, t + dt)$ sachant que n clients sont en orbite à l'instant t. Une telle politique a été motivée par des applications dans la modélisation du comportement des abonnés dans les réseaux téléphoniques depuis les années 1940.

Dans les années précédentes, la technologie a considérablement évolué. La littérature de files d'attente avec rappels décrit différents protocoles de rappels spécifiques à certains réseaux informatiques et de communication modernes dans lesquels le temps inter-rappels est contrôlé par un dispositif électronique et par conséquent, est indépendant du nombre d'unités demandant le service. Dans ce cas, la probabilité d'un rappel durant $(t, t + dt)$, sachant que l'orbite est non vide, est $\nu\, dt + o(dt)$. Ce type de discipline de rappels est appelé politique de rappels constants. Le premier travail dans cette direction est celui de Fayolle [68] qui considère une file d'attente $M/M/1$, où uniquement le client en tête de la file en orbite peut demander un service après un temps de rappels exponentiellement distribué avec un taux constant. Cette sorte de politique de contrôle de rappels est bien connue pour le protocole ALOHA dans les systèmes de communication. Certains autres travaux décrivent des applications aux réseaux locaux, protocole de communication, systèmes mobiles et autres (Choi (1992) [49], Dudin et al. (2004) [61], Li et Zhao (2005) [105], Shikata (1999) [127]). Artalejo et Gómez-Corral (1997) [24] traitent les deux cas d'une manière unifiée en définissant une politique de rappels linéaires pour laquelle la probabilité d'un rappel durant $(t, t + dt)$ sachant que n client sont en orbite à l'instant t est $(\nu\,(1 - \delta_{0n})\, +\, n\,\alpha)\,dt\, +\, o(dt)$. On mentionne aussi l'existence d'une autre politique dite politique de rappels quadratiques [28].

1.8 Autres modèles d'attente avec rappels

1.8.1 Modèles d'attente avec rappels et pannes

Les systèmes de files d'attente avec interruptions de service sont courants dans la modélisation des systèmes informatiques. Par exemple, un système fonctionne en présence d'interruptions, tandis que plusieurs terminaux répètent leurs demandes de service par un processeur central. Dans un réseau local en anneau, la propagation de l'information est unidirectionnelle. Il est donc possible d'avoir simultanément une interruption dans un segment de l'anneau et des tentatives répétées d'envoyer les paquets, effectuées par les stations.

Pour cela, Aïssani [1, 2] a obtenu les fonctions génératrices des distributions du nombre de clients dans le système et en orbite, du modèle de type $M/G/1$ avec rappels où le serveur est sujet à deux types de pannes, en utilisant la théorie des processus de Markov par morceaux. Également, le même modèle a été étudié par Choi et Kulkarni [97] en utilisant la théorie des processus régénératifs. Les deux méthodes fournissent des résultats identiques. Artalejo [16] utilise la dernière approche et calcule les probabilités stationnaires d'un systèmes markovien avec seulement des pannes actives (si le serveur est occupé par le service d'un client). La distribution asymptotique de la taille de la file d'un système $M/G/1$ avec rappels et pannes, en régime chargé, est donnée par Aïssani [4], où il considère également les cas de maintenance préventive et corrective. Djellab (2003) [58] a vérifié pour la première fois l'hypothèse de validité de la propriété de décomposition stochastique pour le modèle $M/G/1$ avec rappels et serveur non fiable dans le cas de la distribution arbitraire du temps inter-rappels. Également, l'auteur a étudié les effets du type de distribution du temps inter-rappels, de l'intensité des rappels ainsi que des pannes sur la performance du modèle. Atencia et al. (2006) [31] ont analysé un système $M/G/1$ avec rappels et pannes actives où le client qui se sert durant la panne décide, avec une probabilité q, de rejoindre l'orbite (client impatient) et, avec une probabilité complémentaire p, de rester en service pour la réparation afin d'accomplir son service (client patient). Ils ont dérivé plusieurs mesures de performance du système et ont évalué quelques caractéristiques d'un tel système en utilisant la technique de la variable supplémentaire. La période d'activité du modèle $GI/GI/1$ avec rappels et serveur non fiable a été examinée par Oukid et Aïssani (2009) [118]. Les auteurs ont obtenu des estimations pour les périodes d'activité et d'inactivité du serveur en utilisant la méthode de comparaison stochastique. En résumé, des résultats très intéressants sont obtenus pour les modèles d'attente avec rappels et pannes par : Atencia et Moreno (2006) [33], Li et al. (2006) [106], Sherman et al. (2007) [126], Wang (2006) [145] et Wang et Zhao (2007) [146].

1.8.2 Modèles d'attente avec arrivées négatives

Il est apparu ces dernières années dans la littérature des files d'attente, des travaux portant sur les systèmes et réseaux de files d'attente caractérisés par la présence de deux types d'arrivées. D'un côté, les arrivées positives ou régulières qui ont pour objectif l'occupation du service. De l'autre côté, les arrivées négatives, dont la présence dans le système de files d'attente affecte ce dernier de différentes manières.

Plusieurs possibilités différentes ont été introduites dans la littérature à ce sujet :

∗ Élimination individuelle : Si une arrivée négative entre dans un système d'attente non vide, elle éliminera un client positif. Une arrivée négative entrant dans un système vide est sans effet.

∗ Élimination par groupe : Une arrivée négative contraint un groupe de clients à quitter le système.

∗ Le désastre (la catastrophe) : L'arrivée négative a l'effet d'une catastrophe sur le système où elle entre. En d'autres termes, tous les clients sont automatiquement éliminés [25].

∗ Élimination d'une quantité aléatoire d'activité : Instantanément, à l'arrivée d'un client négatif, une quantité aléatoire d'activité est éliminée du système. La politique d'élimination d'une quantité aléatoire d'activité a été introduite par Boucherie et Boxma [46] dans le contexte du modèle

$M/G/1$. Ce travail est une généralisation de celui de Jain et Sigman [82] pour permettre aux arrivées négatives d'éliminer une quantité aléatoire d'activité qui n'est pas nécessairement un nombre entier de clients positifs.

L'intérêt porté à cette nouvelle famille de réseaux de files d'attente avec arrivées négatives, introduite par Gelenbe [71], était motivé initialement par la modélisation des réseaux de neurones où les arrivées positives et négatives représentent les signaux excitateurs, qui font croître le potentiel du neurone et sa tendance à produire une impulsion, et inhibiteurs, qui diminuent le potentiel du neurone et sa tendance à produire une impulsion, respectivement. Puis, leurs domaines d'application se sont étendus pour toucher d'autres systèmes plus complexes comme les réseaux informatiques avec infection par virus [25], élimination des transactions dans les bases de données [72], les systèmes d'inventaires [82], les systèmes de télécommunication, les systèmes de production, etc. Gelenbe et al. [73] ont considéré un système de files d'attente avec arrivées négatives sous la discipline $FCFS$. Ils ont constaté que la condition de stabilité, dépend au delà des taux de service et d'arrivée, des distributions de temps de service et de temps inter-arrivées. Ils ont supposé que les éliminations se font avec les deux politiques suivantes :

RCE : Le client positif occupant la dernière place dans la file au moment de l'entrée du client négatif est éliminé.

RCH : Le client en tête de la file est éliminé au moment de l'arrivée du client négatif.

Pour plus de détails sur ce thème, le lecteur peut se référer à Artalejo (2000) [21].

Les conditions de stabilité du système $M/M/1$ avec rappels et arrivées négatives ont été obtenues par Berdjoudj et Aïssani (2005) [36] en utilisant la méthode de la chaîne de Markov induite aux instants de départs. Sous ces conditions, ils ont construit une martingale à temps discret et ils ont démontré à nouveau la stabilité de ce système. Berdjoudj (2006) [35] a calculé la transformée de Laplace de la longueur de la période d'activité du système $M/G/1$ avec rappels et arrivées négatives via les martingales. L'intérêt de ce résultat vient du fait que les formules existantes dans la littérature sont très complexes.

1.8.3 Modèles d'attente avec des temps de rappels généraux

Un modèle plus généralisé des files d'attente classique et avec rappels (exponentiels) est celui dans lequel les temps entre rappels successifs du même client sont distribués selon une distribution générale.

L'analyse de ce type de modèles s'inspire de l'observation des phénomènes de rappels dans les systèmes informatiques, téléphoniques et les réseaux de télécommunication où les temps de rappels peuvent difficilement être modélisés par une distribution exponentielle.

La recherche dans ce domaine reste très limitée. Le premier à s'y être intéressé fut Kapyrin (1977)

[83] qui a essayé de déduire une solution analytique exacte pour la file $M/G/1$ avec rappels généraux. Cette méthode se révéla incorrecte et ses résultats totalement erronés voir Falin (1986) [65]. Plus tard, Pourbabai (1987) [119] s'intéressa au sujet en traitant le modèle $G/M/s/N$ avec rappels non exponentiels à l'aide de méthodes d'approximation. Quelques années plus tard, Choi, Park et Pearce (1993) [48] ont considéré le système $M/M/1$ dans lequel le temps de rappels a une distribution générale et où seulement le client en tête de file est autorisé à rappeler pour le service. Une fonction génératrice de la distribution du nombre de clients dans la file ainsi que la transformée de Laplace de la distribution du temps d'attente moyen à l'état stationnaire ont été données en accord avec des résultats connus pour des cas particuliers. Yang, Posner, Templeton et Li (1994) [151] ont étudié le système $M/G/1$ avec rappels généraux en considérant la propriété de décomposition stochastique (le nombre de clients dans le système est la contribution de deux variables aléatoires indépendantes : le nombre de clients dans la file classique $M/G/1$ et le nombre de clients dans la file $M/G/1$ avec rappels exponentiels sachant que le serveur est libre) [23, 152], pour proposer une méthode d'approximation comparable aux résultats numériques de certains modèles avec rappels exponentiels. Les méthodes de simulation et d'approximation semblent être la seule voie pour décrire ces modèles, voir les travaux récents de Gòmez-Corral (1999) [77], de Rodrigo et Vazquez (1999) [121], de Atencia (2001) [30], de Djellab (2003) [57], de Atencia et Moreno (2005) [32], de Wang (2006) [145], de Wang et Zhao (2007) [146] et de Ke et Chang (2008) [84].

Conclusion

Dans ce chapitre, nous avons rappelé et présenté les concepts et techniques de base de la théorie de files d'attente (classiques et avec rappels). Notons que les rappels sont utilisés pour modéliser et évaluer les performances de différents systèmes réels. Les modèles d'attente développés ces dernières décennies tentent de prendre en considération des phénomènes de répétition de demandes de service et de vacances à la fois. Ces phénomènes affectent les caractéristiques de performance des systèmes réels. Ces systèmes d'attente avec rappels et vacances du serveur feront l'objet du chapitre suivant.

2
Systèmes d'attente avec rappels et vacances

Introduction

La notion de vacances est introduite en général pour exploiter l'oisiveté (le temps inoccupé) du serveur pour un autre travail secondaire dans le but d'améliorer la performance du système. L'analyse de la modélisation par les systèmes d'attente avec vacances a été faite par un nombre considérable de travaux dans le passé et a été utilisée de manière réussie dans différents problèmes pratiques comme les systèmes de production, systèmes de communication et systèmes informatiques (voir la monographie de Doshi (1986) [59]). Une excellente étude compréhensive sur les modèles d'attente avec vacances peut être trouvée dans Teghem (1986) [136], Takagi (1991) [134] et Tian et Zhang (2006) [139].

Notes bibliographiques

Parmi les approches permettant d'analyser les systèmes de files d'attente avec vacances, on rencontre celle basée sur la propriété de décomposition stochastique que peut posséder un modèle. Cependant, ce sont Fuhrmann et Cooper (1985) [70] qui ont défini une série d'hypothèses caractérisant les systèmes de files d'attente vérifiant la propriété de décomposition stochastique, particulièrement pour les systèmes d'attente avec vacances généralisées. La décomposition stochastique pour le nombre de clients dans le système $M/G/1$ avec vacances dans le cas d'un service exhaustif a été observée par Doshi (1986) [59].

La méthode de la chaîne de Markov induite a été utilisée pour l'analyse d'un modèle d'attente

Chapitre 2 : Systèmes d'attente avec rappels et vacances 29

avec vacances à un seul serveur aux instants de départ par Bose (2002) [38]. Une littérature sur les techniques d'évaluation des mesures de performance à l'état stationnaire des systèmes d'attente avec vacances à serveur unique se trouve dans Doshi (1990) [60] et Tian et Zhang (2006) [139] pour différentes disciplines de service.

Frey et Takahashi (2000) [69] optent pour la méthode de la chaîne de Markov induite pour l'analyse du système $M/G/1/N$, alors que Lee (1984) [102] utilise une chaîne de Markov double induite aux instants de départ et fin de vacances. Ces mêmes mesures de performance ont été obtenues par Niu et Cooper (1991) [115] en optant pour une nouvelle approche dite de transformation libre, pour l'étude du même modèle comprenant les autres disciplines de service. L'idée clé derrière cette nouvelle approche d'analyse est de travailler avec un processus de Markov modifié, à une description d'état plus détaillée : À un instant donné t où le serveur est occupé, les auteurs remplacent le processus : nombre de clients dans le système qui décrit l'état du système à cet instant (dans l'analyse classique avec la méthode de la variable supplémentaire), par deux variables. L'une décrit le nombre de clients en attente dans la file immédiatement après le début d'un service, l'autre représente le nombre de clients qui arrivent durant le même service juste avant l'instant t, sous une rigoureuse formalisation intuitive de la notion du client test.

Récemment, Altman (2002) [13] s'inspire des résultats de l'analyse différentielle stochastique pour donner naissance à une nouvelle méthode d'analyse de ces systèmes d'attente appelée "stochastic recursive equation method", sous l'hypothèse de vacances dépendantes. Artalejo et Lòpez-Herrero (2004) [29] développent une nouvelle théorie dite de maximum d'entropie pour un système d'attente avec vacances à un seul serveur. Ils s'intéressent plus exactement à la période d'activité du serveur.

Finalement, Rahmoune (2008) [120] a prouvé, pour la première fois, l'applicabilité de la méthode de stabilité forte aux systèmes d'attente avec vacances. Elle s'est intéressée particulièrement à l'étude de la stabilité forte dans un système $M/G/1/N$ à un taux nul de vacances. L'objectif est de mettre en évidence les conditions pour lesquelles il sera possible d'approximer les caractéristiques du système $M/G/1//N$ à vacance unique du serveur et service exhaustif par celles du système $M/G/1//N$ classique. Pour cela, elle a obtenu les inégalités de stabilité, avec un calcul exact des constantes. La performance de la méthode est mesurée par un algorithme élaboré pour cette raison en tenant compte des résultats théoriques. Ces mêmes résultats ont été comparés à ceux établis par la méthode numérique dite du gradient double conjuguée pour justifier l'intérêt et la performance de la méthode de stabilité forte. Enfin, elle a établi des conditions d'approximation via une nouvelle méthode d'approximation dite de développement en série. Les résultats théoriques obtenus ont été justifiés par une application numérique.

Pour une littérature liée aux systèmes d'attente avec rappels et vacances, Li et Yang (1995) [104] ont développé un système d'attente $M/G/1$ avec rappels, vacances du serveur et M sources d'entrée indépendantes et identiques. La politique de Li et Yang est décrite comme suit : dans le cas où le serveur est inoccupé au moment de l'arrivée d'un client primaire ou secondaire, il commence à servir un client avec une probabilité α_k, ou prend une vacance avec une probabilité complémentaire $1 - \alpha_k$ (k représente le nombre de clients secondaires présents dans le système à l'instant d'arrivée). De plus, ils ont utilisé un réseau local $CSMA/CD$ comme exemple numérique pour expliquer la manière dont leur modèle peut être appliqué pour l'étude des propriétés des réseaux, qui a des implications intéressantes aux systèmes de contrôle et du design. Ensuite, Langaris et Moutzoukis (1996) [100] se sont intéressés aux modèles de files d'attente multi-classes avec rappels et vacances du serveur, puis Artalejo (1997) [17] a considéré une file $M/G/1$ avec rappels constants et politique de vacances exhaustive. Plus tard, Aissani (2000) [6] a considéré une file d'attente avec rappels, arrivées par lots et vacances du serveur. Les temps de service et les périodes de vacances sont arbitrairement distribués. Il a obtenu les fonctions génératrices du nombre de clients dans le système et dans l'orbite en régime stationnaire. En 2003, il considère le même modèle en incluant les pannes du serveur [7]. Kumar et Arivudainambi (2002) [99] ont considéré un système $M/G/1$ avec rappels où le serveur opère suivant la politique de vacances de Bernoulli avec une distribution générale des temps de rappels. Wenhui (2005) [147] considère l'analyse du modèle d'attente avec rappels à un seul serveur et vacances de Bernoulli avec la discipline FCFS en orbite. Chaudhury (2007) [51] considère un modèle $M^X/G/1$ avec la discipline de rappels classiques et vacances de Bernoulli. En 2008, il considère l'analyse de l'état stationnaire d'une file $M/G/1$ avec la discipline de rappels linéaires et vacances de Bernoulli [52]. Récemment, Aïssani (2008) [8] considère une file d'attente $M/G/1$ avec rappels et vacances du serveur, quand les temps de rappels, les temps de service et les temps de vacances sont distribués arbitrairement. La distribution du nombre de clients dans le système en régime stationnaire est obtenue en termes de fonction génératrice. Ensuite, il donne une approximation pour une telle distribution. Cette étude constitue une analyse complète des rappels constants dans le cas de ces systèmes d'attente. Enfin, Ke et Chang (2009) [84] ont étudié un système $M/G/1$ avec rappels, blocage et Bernoulli feedback, où le serveur opère sous une politique de vacances modifiée. Si le serveur est occupé ou en vacances, un client qui arrive soit entre en orbite avec une probabilité b, ou n'entre pas (se bloque) avec une probabilité $1-b$. Sinon le service du client qui arrive commence immédiatement. À n'importe quelle époque de fin de service, le client test soit entre en orbite pour un autre service avec une probabilité p ou quitte le système avec une probabilité $1-p$. Si l'orbite est vide, le serveur prend au plus J vacances jusqu'à ce qu'au moins un client est enregistré en orbite quand le serveur revient d'une vacance.

Chapitre 2 : Systèmes d'attente avec rappels et vacances 31

Ce type de systèmes a des applications potentielles dans le système e-mail et le serveur WWW (voir la Section 2.1). En appliquant la technique de la variable supplémentaire, les auteurs ont dérivé quelques mesures de performance importantes.

2.1 Quelques cas modélisés par des systèmes de files d'attente avec rappels et vacances

Exemple 2.1. Dans le modèle opérationnel du serveur WWW, les requêtes HTTP arrivent au serveur WWW suivant un flux de Poisson et peuvent être interrompues par un utilisateur avant d'arriver au serveur WWW. Lorsque les requêtes arrivent dans le serveur WWW, une requête est sélectionnée pour être servie et les autres entreront dans le tampon situé à l'intérieur du serveur WWW. Dans le tampon, chaque requête attend un certain temps puis demande le service de nouveau. Un programme " daemon " est mis en application dans le serveur WWW pour diriger les requêtes de service à partir du tampon. À chaque fois qu'elle essaye mais échoue, elle attend un autre moment avant de réessayer de nouveau. Si la page web cible est située dans le même serveur WWW, la requête peut retourner au serveur. Pour garder le serveur WWW en bon fonctionnement, des activités de maintenance telles que scanner les virus peuvent être réalisées lorsque le serveur WWW est inactif. Ce type de maintenance peut être programmé pour fonctionner sur une base régulière. Cependant, ces activités de maintenance ne se répètent pas continuellement. Lorsque ces activités sont achevées, le serveur WWW entrera de nouveau en état d'inactivité et attendra l'arrivée de nouvelles requêtes.

Dans ce scénario, le tampon dans le serveur WWW, le serveur WWW, la politique de retransmission et les activités de maintenance en période d'inactivité correspondent respectivement à l'orbite, le serveur, la discipline de rappels et la politique de vacances, dans la terminologie de files d'attente.

Exemple 2.2. Dans le modèle de transfert d'un système e-mail, le système mail utilise le protocole SMTP (Simple Mail Transfer Protocol) pour délivrer les messages entre les serveurs mail. Quand un programme de transfert de mail contacte un serveur sur une machine éloignée, il forme une connection TCP (Transfer Connection Program) à travers laquelle il communique. Une fois la connection est en place, les deux programmes suivent $SMTP$ qui permet à l'expéditeur de s'identifier, spécifier un destinataire, et transférer un message e-mail. Ce dernier peut essayer de façon répétée d'envoyer le message de contact au serveur cible jusqu'à ce qu'il devienne opérationnel. Typiquement, les messages de contact arrivent au serveur mail suivant un flot de Poisson. Ces messages de contact peuvent être interrompus par un expéditeur avant d'arriver au serveur mail. Quand les messages arrivent au serveur mail, un message est sélectionné pour service et les autres joindront le buffer. Dans le buffer, chaque message attend un certain temps pour demander encore une fois le service. Il y a un programme mis en application et implémenté au serveur mail pour diriger les requêtes de service du buffer. À chaque fois qu'une requête essaye mais échoue, elle attendra un autre moment avant de recommencer de nouveau. Le serveur cible est le même que le serveur mail de l'expéditeur et le message envoyé peut revenir au serveur pour demander le service. Pour garder le serveur mail en bon fonctionnement, scanner les virus est une importante activité de maintenance pour le serveur mail. Elle peut être réalisée lorsque le serveur mail est inactif. Cependant, ces activités de maintenance ne se répètent pas continuellement. Quand ces activités sont finies, le serveur mail entrera encore une fois en état d'inactivité (oisiveté) et attendra l'arrivée des messages de contact. Parce qu'il n'y a pas de mécanisme pour enregistrer le nombre de messages de contact parvenant couramment des différents expéditeurs, il est approprié de concevoir un programme pour collectionner l'information des messages de contact pour des raisons d'efficacité.

Dans ce scénario, le buffer dans le serveur mail de l'expéditeur, le serveur mail destinataire, la politique de retransmission, et les activités de maintenance correspondent respectivement à l'orbite, le serveur, la discipline de rappels, et la politique de vacances dans la terminologie de files d'attente.

2.2 Classification des modèles d'attente avec vacances

Les files d'attente avec vacances peuvent être classifiées de différentes façons. Les disciplines de service les plus connues sont :
– **La discipline de service exhaustif** : Dans un système avec vacances et service exhaustif, chaque fois que le serveur revient d'une vacance, il servira tous les clients en attente dans le système avant de commencer une autre vacance.
– **La discipline de service avec barrière** : Dans le cas du service avec barrière, quand le serveur revient d'une vacance, il sert seulement les clients qui étaient en attente dans la file à son arrivée. Autrement dit, dès l'arrivée du serveur, il met une barrière fictive derrière les clients en attente dans la file et ne prend une autre vacance qu'une fois que tous les clients qui étaient présents à son arrivée soient servis.
– **La discipline de service limité** : Dans un système avec service limité, on se fixe un nombre k. À son retour de la vacance, le serveur servira au plus k clients et commencera ensuite une autre vacance. Ainsi, le serveur sert jusqu'à ce que la file d'attente soit vide ou bien jusqu'à ce que k clients soient servis, ensuite il prend une autre vacance.

Une comparaison des différentes politiques de service est donnée dans [135, 139]. Si le serveur revient d'une vacance et trouve la file d'attente vide, il exécute une des deux actions suivantes :

Chapitre 2 : Systèmes d'attente avec rappels et vacances

- Sous le schéma de " vacances multiples ", le serveur commencera immédiatement une autre vacance et continue à prendre des vacances successives, jusqu'à ce qu'il trouve au moins un client en attente dans la file. Dans ce cas, toute vacance est indépendante de la précédente, mais distribuée identiquement.

- Sous le schéma de " vacances uniques ", le serveur attendra jusqu'à la fin de la prochaine période d'activité pendant laquelle un client au moins sera servi, avant de commencer une autre vacance. Autrement dit, il y a exactement une seule vacance à la fin de chaque période d'activité, ou bien entre deux vacances, au moins un client doit être servi.

- La politique de décision séquentielle de Bernoulli : pour cette politique de vacances non exhaustive, à la fin de chaque période de service, le serveur va en vacances avec la probabilité P ou bien décide d'attendre le prochain client (primaire ou secondaire) avec la probabilité $1 - P$. De la même manière, à la fin de chaque période de vacances, le serveur prend une autre vacance avec la probabilité H ou bien attend l'arrivée du prochain client avec la probabilité $1 - H$.

Dans le schéma de classification considéré précédemment, les différentes disciplines de service définissent l'instant du début de la vacance. Il existe un autre schéma de classification possible, mais qui considère plutôt l'instant où le serveur revient de la vacance. Dans ce schéma, trois politiques de vacances sont définies et dans chacune d'elles, le serveur prend une vacance uniquement quand le système est vide [15, 136, 139].

Dans les systèmes d'attente avec rappels, le serveur est supposé généralement servir sans aucune interruption. Ainsi, les périodes de panne ou de réparation sont rarement étudiées. Cependant, il est plus réaliste de modéliser un système à communications téléphoniques ou un réseau de télécommunication, où une transmission de message peut ne pas se faire à cause d'une panne du serveur (ligne téléphonique), à l'aide de systèmes d'attente avec vacances, cette panne qui peut arriver d'une manière aléatoire ainsi que la tâche de réparation qui lui succède, peuvent être vues comme des périodes de vacances.
De la même manière, les processeurs dans les systèmes informatiques et les systèmes de communication exécutent en plus de leurs fonctions primaires des tâches de tests et de maintenance préventive qui permettent principalement de préserver le système contre les pannes et de prévoir une haute fiabilité de celui-ci. Ces périodes peuvent aussi être considérées comme des vacances du serveur [60]. Ainsi, ces systèmes qui sont caractérisés par la présence simultanée des phénomènes de rappels et de vacances à la fois, sont appelés : *systèmes d'attente avec rappels et vacances*. Dans ces modèles, durant la période de vacances, le serveur est occupé avec les tâches supplémentaires, ainsi il n'est pas disponible aux nouvelles arrivées de clients primaires ni aux

appels répétés des clients de l'orbite. Dans ce cas, tout client qui trouve le serveur non disponible (occupé ou en vacances) est bloqué, alors il quitte la zone de service et rappelle à des intervalles de temps aléatoires, jusqu'à ce qu'il le trouve oisif pour qu'il puisse le servir.

Dans un certain sens, les files d'attente avec rappels peuvent être considérées comme un cas particulier des files avec vacances, où la vacance commence à la fin de chaque temps de service et dure jusqu'à ce que le serveur soit réactivé encore par l'arrivée d'un client primaire ou secondaire [23].

Autrement dit, la période d'oisiveté du serveur peut-être simulée par une période de vacances. Cependant, il y a une différence significative entre ces deux types de vacances [17] :

1. Dans une période de vacances propres, le serveur est bloqué pour toute arrivée de client primaire ou secondaire, alors que durant la période d'oisiveté le serveur est prêt à servir tout client qui arrive.

2. La seconde différence est que la durée de la période d'oisiveté du serveur est déterminée par une compétition entre le flux d'arrivée des clients primaires et celui des clients secondaires, alors que la durée d'une période de vacances est déterminée par la distribution du temps de vacances.

S'il n'y a pas de distinction entre ces deux types de vacances, on parle d'une vacance généralisée.

2.3 Analyse mathématique du modèle $M/G/1$ avec rappels constants et vacances

2.3.1 Modèle mathématique

On considère un système de files d'attente à un seul serveur où les clients primaires arrivent suivant un flux poissonien de taux λ. Un client qui arrive et trouve le serveur occupé, quitte l'aire du service pour rejoindre un groupe de clients bloqués appelé orbite. Après un certain temps aléatoire, il renouvelle sa tentative d'entrer en service, une fois, deux fois,..., jusqu'à ce qu'il le trouve disponible. Les intervalles de temps inter-rappels suivent une distribution exponentielle de taux μ. Comme cette politique de rappel ne dépend pas du nombre de clients dans l'orbite, on l'appelle politique de rappels constants. En pratique, on trouve cette politique dans les protocoles de communication de type $"CSMA"$ [49, 114]. Le choix de cette politique est motivé par la possibilité d'obtenir des solutions analytiques [17]. Les temps de service sont supposés d'une loi arbitraire, d'une fonction de distribution $B(t)$ ($B(0) = 0$), des premiers moments β_1 et β_2 et d'une transformée de Laplace-Stieltjes $\widetilde{B}(s)$.

Tous les clients entrant dans le système sont servis d'une manière continue et dans un ordre

Chapitre 2 : Systèmes d'attente avec rappels et vacances   **35**

indépendant de leur temps de service. De plus, on suppose que le serveur prend une vacance chaque fois que le système devient vide (service exhaustif).

2.3.2 Chaîne de Markov induite

Soit $\{\zeta_n, n \in \mathbb{N}\}$ une suite d'instants de la complétion d'un service ou bien de la fin d'une vacance propre.

La séquence des vecteurs aléatoires $Y_n = \{C(\zeta_n^-), N(\zeta_n^+)\}$ forme une chaîne de Markov, qui est une chaîne de Markov induite pour notre système de files d'attente.

Son espace d'état est $S = \{1, 2\} \times \mathbb{N}$.

Les états de transition sont donnés par :

$$(i_{n+1}, q_{n+1}) = \begin{cases} (2, X), & \text{si } q_n = 0, \\ (1, q_n - \delta_{q_n} + w_{n+1}), & \text{si } q_n \geq 1. \end{cases} \quad (2.1)$$

Où

X : le nombre de clients qui arrivent durant une vacance.

w_{n+1} : le nombre de clients qui arrivent pendant un temps de service qui se termine à l'instant ζ_{n+1}.

La distribution de w_{n+1} est donnée par :

$$K_i = P(w_{n+1} = i) = \int_0^\infty \frac{(\lambda x)^i}{i!} e^{-\lambda x} dB(x), \qquad i \geq 0.$$

δ_{q_n} est la variable de Bernoulli définie comme suit :

$$\delta_{q_n} = \begin{cases} 1, & \text{si le } (n+1)^{\text{ème}} \text{ client provient de l'orbite}, \\ 0, & \text{sinon}. \end{cases}$$

Sa distribution dans le cas de la politique de rappels constants est donnée par :

$$P(\delta_{q_n} = 1/q_n = k) = \frac{\mu}{\lambda + \mu},$$

$$P(\delta_{q_n} = 0/q_n = k) = \frac{\lambda}{\lambda + \mu}.$$

Théorème 2.1. [17]

La chaîne de Markov induite $\{Y_n, n \in \mathbb{N}\}$ est ergodique si et seulement si

$$\rho = \lambda \beta_1 (\lambda + \mu) \mu^{-1} < 1.$$

Théorème 2.2. [17]

Les distributions stationnaires

$$\pi_{1j} = (\lambda + \mu)^{-1}\left[(1 - \delta_{j0})\lambda \sum_{k=1}^{j}(\pi_{1k} + \pi_{2k})K_{j-k} + \right.$$
$$\left. + \mu \sum_{k=1}^{j+1}(\pi_{1k} + \pi_{2k})K_{j-k+1}\right], \ j \geq 0,$$
$$\pi_{2j} = (\pi_{10} + \pi_{20})P(X = j), \ j \geq 0,$$

ont les fonctions génératrices suivantes

$$\pi_1(z) = \frac{\beta(\lambda z + \mu)K(z)(\chi(z) - 1)}{(\lambda + \mu)z - K(z)(\lambda z + \mu)},$$

$$\pi_2(z) = (\pi_{10} + \pi_{20})\chi(z) = \beta\chi(z),$$

où $\beta = (1-\rho)(1-\rho+(1+\lambda\mu^{-1})E(X))^{-1}$, $K(z) = \widetilde{B}(\lambda - \lambda z)$ et $\chi(z)$ est la fonction génératrice de la variable X.

Preuve.

$$\pi_1(z) = \sum_{j=0}^{\infty}\pi_{1j}z^j$$
$$= \sum_{j=0}^{\infty}z^j\frac{\lambda}{\lambda+\mu}(1-\delta_{j0})\sum_{k=1}^{j}(\pi_{1k}+\pi_{2k})K_{j-k} + \sum_{j=0}^{\infty}z^j\frac{\mu}{\lambda+\mu}\sum_{k=1}^{j+1}(\pi_{1k}+\pi_{2k})K_{j-k+1}$$
$$= \frac{\lambda}{\lambda+\mu}\sum_{j=0}^{\infty}z^j\sum_{k=1}^{j}(\pi_{1k}+\pi_{2k})K_{j-k} + \frac{\mu}{\lambda+\mu}\sum_{j=0}^{\infty}z^j\sum_{k=1}^{j+1}(\pi_{1k}+\pi_{2k})K_{j-k+1}$$
$$= \frac{\lambda}{\lambda+\mu}K(z)[\pi_1(z)+\pi_2(z)-\beta] + \frac{\mu}{(\lambda+\mu)z}K(z)[\pi_1(z)+\pi_2(z)-\beta].$$

D'où

$$\pi_1(z) = \frac{(\pi_2(z)-\beta)[\lambda zK(z)+\mu K(z)]}{(\lambda+\mu)z - [\lambda zK(z)+\mu K(z)]}$$
$$= \frac{(\pi_2(z)-\beta)[\lambda z+\mu]K(z)}{(\lambda+\mu)z - K(z)[\lambda z+\mu]}.$$

Vu que

$$\pi_{2j} = (\pi_{10} + \pi_{20})P(X = j), \quad j \geq 0,$$

en passant à la fonction génératrice, on obtient

$$\pi_2(z) = \sum_{j=0}^{\infty}\pi_{2j}z^j = \beta\chi(z).$$

Chapitre 2 : Systèmes d'attente avec rappels et vacances 37

Alors
$$\pi_1(z) = \frac{\beta(\lambda z + \mu)K(z)(\chi(z) - 1)}{(\lambda + \mu)z - K(z)(\lambda z + \mu)}.$$

La constante β peut être déterminée à partir de la somme suivante :
$$\pi_1(z) + \pi_2(z) = \frac{\beta((\lambda + \mu)z\chi(z) - K(z)(\lambda z + \mu))}{(\lambda + \mu)z - K(z)(\lambda z + \mu)}, \qquad (2.2)$$

et en utilisant la règle d'Hôpital pour $z = 1$.

Finalement, on observe que :
$$\pi_1(1) = 1 - \beta \text{ et } \pi_2(1) = \beta.$$

Théorème 2.3. [17]

Si $\rho < 1$, alors les fonctions génératrices partielles $P_i(z) = \sum_{j=0}^{\infty} p_{ij}$, pour $i \in \{0, 1, 2\}$, sont données par

$$\begin{aligned}
P_0(z) &= \lambda \mu^{-1} z (P_1(z) + P_2(z)), \\
P_1(z) &= \frac{\lambda A(z) P_2(z)(1 + \lambda \mu^{-1} z)}{1 - \lambda A(z)(1 + \lambda \mu^{-1} z)}, \text{ et} \\
P_2(z) &= P_{2\bullet} \frac{X(z) - 1}{(z - 1)E(X)},
\end{aligned}$$

où,
$$A(z) = \frac{1 - \widetilde{B}(\lambda - \lambda z)}{\lambda - \lambda z}.$$

Soit $\{\overline{P}_{ij}, i \in \{0, 1\}, j \in \mathbb{N}\}$ la distribution limite de la file auxiliaire avec rappels. On note par $\overline{P}_i(z)$, pour $i \in \{0, 1\}$, les fonctions génératrices partielles correspondantes. Les principales caractéristiques de la file considérée sont résumées dans le théorème suivant.

Théorème 2.4. [17]

Si $\rho < 1$, alors les fonctions génératrices partielles de la file auxiliaire avec rappels (sans vacances du serveur) sont données par

$$\begin{aligned}
\overline{P}_0(z) &= \frac{(1 - \rho)(1 + \lambda \mu^{-1} z)(1 - \lambda A(z))}{(1 + \lambda \mu^{-1})(1 - \lambda A(z))(1 + \lambda \mu^{-1} z)}, \\
\overline{P}_1(z) &= (\lambda z)^{-1}(\mu \overline{P}_0(z) - (\lambda z + \mu)\overline{P}_{00}),
\end{aligned}$$

où $\overline{P}_{00} = \mu(\lambda + \mu)^{-1} - \lambda \beta_1$.

Cependant, les distributions marginales de l'état du serveur de la file auxiliaire avec rappels sont données par
$$\overline{P}_{0\bullet} = 1 - \lambda \beta_1 \text{ et } \overline{P}_{1\bullet} = \lambda \beta_1.$$

Le théorème suivant donne le résultat principal de la décomposition stochastique du nombre de clients dans le système $M/G/1$ avec rappels constants et vacances du serveur.

Théorème 2.5. [17]
Considérons d'abord des vacances généralisées qui incluent simultanément des vacances propres et les vacances dues aux rappels se produisant dans un cycle de régénération. Alors, on a

$$P(z) = Q(z) \frac{P_0(z) + P_2(z)}{P_{0\bullet} + P_{2\bullet}}. \tag{2.3}$$

En outre, nous observons qu'une double décomposition stochastique se réalise sous la forme suivante :

$$P(z) = \frac{P_2(z)}{P_{2\bullet}} \frac{\overline{P_0}(z)}{\overline{P_{0\bullet}}} Q(z),$$

où $Q(z)$ est la formule de Pollaczek-Khintchine pour la file $M/G/1$ ordinaire (voir l'Équation (1.3), Section 1.6, Chapitre 1).

Cependant, les distributions marginales de l'état du serveur de notre modèle sont données par

$$P_{0\bullet} = \sum_{j=0}^{\infty} P_{0j} = \lambda(\lambda + \mu)^{-1} \text{ et } P_{2\bullet} = \sum_{j=0}^{\infty} P_{2j} = (1-\rho)(1+\lambda\mu^{-1})^{-1}.$$

Conclusion

Dans ce chapitre, on a énoncé quelques résultats établis dans la littérature pour les systèmes d'attente avec rappels et vacances du serveur. L'analyse comprend la condition d'ergodicité de la chaîne de Markov incluse et les fonctions génératrices partielles de la distribution stationnaire de l'état du serveur, ainsi que la décomposition stochastique. Le modèle $M/G/1$ avec rappels constants et vacances du serveur analysé dans ce chapitre fera l'objet d'une étude qualitative basée sur la méthode de comparaison stochastique, qui sera présentée dans le chapitre 5.

3
Étude analytique des modèles d'attente avec rappels et vacances

Introduction

Les modèles d'attente avec rappels et vacances se distinguent des modèles classiques par l'existence de deux paramètres supplémentaires. Le premier paramètre décrit le phénomène de rappels bien connu dans les applications liées aux systèmes téléphoniques et informatiques [26, 67, 152]. Le second paramètre décrit l'activité de vacances introduite en général pour exploiter l'oisiveté du serveur (tel que dans les systèmes de production où le serveur est affecté à des tâches secondaires : maintenance, clients prioritaires, ...) [59, 60, 139].

Les systèmes d'attente avec rappels et vacances apparaissent généralement dans les télécommunications et les systèmes informatiques. L'intérêt croissant porté à ce domaine est essentiellement expliqué par le développement de nouvelles facilités dans la technologie de télécommunication telle que "Repeat Last Number", "Ring Back When Free", ... Pendant environ trois décennies, plusieurs chercheurs se sont intéressés aux modèles de ce type, les techniques et les résultats obtenus ont été fructueusement utilisés dans une variété d'applications.

Dans ce type de systèmes, à chaque fois qu'un client arrive et trouve le serveur non disponible (occupé ou en vacances), il quitte le service pour rejoindre un groupe de clients bloqués appelé orbite. La discipline d'accès au serveur à partir de l'orbite est gouvernée par une loi exponentielle

Chapitre 3 : Étude analytique des modèles d'attente avec rappels et vacances 40

avec une intensité linéaire donnée par $(\alpha(1 - \delta_{0j}) + j\theta)dt + o(dt)$, quand le nombre de clients en orbite est $j \in \mathbb{N}$, où δ_{0j} est la fonction de Kronecker.

Dans le cas $\alpha > 0$ et $\theta = 0$, on obtient la discipline de rappels constants étudiée par Artalejo (1997) [17] pour la file $M/G/1$ avec rappels exponentiels et vacances, et par Aïssani (2000) [6] pour la file d'attente $M^X/G/1$ avec rappels exponentiels, arrivées par lots et vacances du serveur. Les temps de service et les périodes de vacances sont arbitrairement distribués. Cette dernière étude constitue une généralisation du modèle d'attente considéré en [17]. Récemment, Aïssani (2008) [8] considère une file d'attente $M/G/1$ avec rappels constants et vacances du serveur, quand la distribution des temps de rappels $R(x)$, la distribution des temps de service $B(x)$ et la distribution des temps de vacances $V(x)$ sont distribuées arbitrairement. La distribution du nombre de clients dans le système en régime stationnaire est obtenue en termes de fonction génératrice. Ensuite, il donne une approximation pour une telle distribution. Cette étude constitue une analyse complète des rappels constants dans le cas de ces systèmes d'attente. Plusieurs cas particuliers sont obtenus :

∗ Si $R(x)$ est exponentielle, le modèle devient la file d'attente $M/G/1$ avec rappels constants analysé par Artalejo (1997) [17].

∗ Si $V(x) \equiv 0$, $B(x)$ est exponentielle, alors il obtient la file d'attente $M/M/1$ avec rappels constants et sans vacances du serveur, qui est une variante étudiée par Choi et al. (1993) [48].

∗ Si $V(x) \equiv 0$, $R(x)$ est exponentielle, le modèle devient la file d'attente ordinaire avec rappels constants sans vacances du serveur, étudiée par Fayolle (1986) [68].

∗ Finalement, si $R(x) \equiv 0$, il obtient le modèle $M/G/1$ ordinaire avec vacances, considéré dans plusieurs travaux, voir (Levy et Yechiali (1975) [103], Heyman (1977) [81] et la synthèse de Doshi (1986) [59]).

Alternativement, quand $\alpha = 0$ et $\theta > 0$, la discipline des rappels est classique dans le sens que l'intensité globale des rappels est proportionnelle au nombre de clients se trouvant en orbite (voir Yang et Templeton (1987) [152]). La discipline en question est l'objet de notre étude dans ce chapitre.

Le chapitre est organisé comme suit : la deuxième section est consacrée à la description mathématique du modèle. Dans la troisième section, nous présentons la chaîne de Markov incluse, la condition nécessaire et suffisante d'ergodicité de la chaîne de Markov induite, les probabilités de transition, les distributions stationnaires et leurs fonctions génératrices. Dans la quatrième section, nous donnons les distributions limites, la décomposition stochastique de la distribution du nombre de clients dans le système ainsi que quelques mesures de performance.

3.1 Analyse du système $M/G/1$ avec rappels classiques et vacances

3.1.1 Description du modèle

On considère un système de files d'attente à un seul serveur où les clients primaires arrivent suivant un flux poissonnien de taux λ ($\lambda > 0$). Un client qui arrive et trouve le serveur non disponible (occupé ou en vacances), quitte l'espace de service pour rejoindre un groupe de clients bloqués appelé *"orbite"*. Après un certain temps aléatoire, il renouvelle sa tentative d'entrer en service, une fois, deux fois, ..., jusqu'à ce qu'il le trouve disponible. La discipline d'accès au serveur à partir de l'orbite est gouvernée par une loi exponentielle avec une intensité donnée par $j\theta$ ($\theta > 0$), quand le nombre de clients en orbite est $j \in \mathbb{N}$. Comme cette politique de rappels dépend du nombre de clients dans l'orbite, on l'appelle politique de rappels classiques.

Les temps de service sont supposés d'une loi arbitraire, de fonction de distribution $B(t)$ ($B(0) = 0$), de transformée de Laplace-Stieltjes $\psi(\omega)$ et des deux premiers moments finis γ_1 et γ_2, respectivement.

Tous les clients entrant dans le système sont servis d'une manière continue et dans un ordre indépendant de leurs temps de service. De plus, on suppose que le serveur prend une vacance chaque fois que le système devient vide, de distribution $V(x)$, de transformée de Laplace-Stieltjes $V^*(\omega)$ et des deux premiers moments finis $E(X)$ et $E(X^2)$, respectivement.

Les règles qui gouvernent les périodes de vacances

(1) Le mécanisme qui détermine l'instant de la fin d'une vacance, n'anticipe pas une nouvelle occurrence du processus des arrivées poissonniennes.

(2) Chaque temps de service est indépendant de la séquence des périodes de vacances qui précèdent ce temps de service.

(3) Si aucun client n'arrive durant la période de vacances, on dit qu'il y'a une période d'activité pour le serveur de longueur zéro et le serveur prend une autre vacance.

(4) Juste après la fin des vacances, s'il y a des clients en orbite, le prochain client qui arrive au service est déterminé par une compétition entre deux lois exponentielles de taux λ et θ.

Finalement, on suppose que le flux des arrivées primaires, les intervalles entre les rappels successifs et les temps de service sont mutuellement indépendants.

L'état du système à l'instant t peut être décrit par le processus :

$$X(t) = (C(t), N_o(t), \xi(t))_{(t \geq 0)},$$

où

$$C(t) = \begin{cases} 0, & \text{si le serveur est oisif,} \\ 1, & \text{si le serveur est occupé,} \\ 2, & \text{si le serveur est en vacance.} \end{cases}$$

$N_o(t)$: le nombre de clients en orbite à l'instant t.

$C(t) = 1$ (respectivement $C(t) = 2$), alors $\xi(t)$ représente le temps de service écoulé du client en service (respectivement, le temps de la vacance écoulé).

3.2 Chaîne de Markov induite

L'évolution de notre file d'attente avec rappels et vacances peut être décrite en termes d'une séquence alternée de période d'activité et d'inactivité du serveur.

À la fin de chaque service, le serveur devient libre. La prochaine période d'inactivité du serveur sera de deux types différents :

Type 1 : Si l'orbite devient vide, donc le serveur prend une vacance propre qui est régie suivant les règles de (1) à (4).

Type 2 : Si l'orbite n'est pas vide après la complétion d'un service, alors une compétition entre deux lois exponentielles de taux λ et θ déterminera le prochain client qui entrera en service.

Soit $\{\zeta_n, n \in \mathbb{N}\}$ une suite d'instants de la complétion d'un service ou bien de la fin d'une vacance propre.

La séquence des vecteurs aléatoires $Z_n = \{C(\zeta_n^-), N(\zeta_n^+)\}$ forme une chaîne de Markov, qui est une chaîne de Markov incluse pour notre système de files d'attente.

Son espace d'état est donné par $S = \{1,2\} \times \mathbb{N}$.

Les états de transitions de la chaîne de Markov induite $\{Z_n\}_{n=0}^{\infty}$ sont donnés par :

$$(i_{n+1}, j_{n+1}) = \begin{cases} (2, X), & \text{si } j_n = 0, \\ (1, j_n - \delta_{j_n} + v_{n+1}), & \text{si } j_n > 0, \end{cases} \quad (3.1)$$

où

X : le nombre de clients primaires qui arrivent vers le système durant une vacance.

v_{n+1} : le nombre de clients primaires qui arrivent pendant le $(n+1)^{\text{ème}}$ temps de service qui se termine à l'instant ζ_{n+1}, sa distribution est donnée par :

$$K_i = P(v_{n+1} = i) = \int_0^{\infty} \frac{(\lambda x)^i}{i!} e^{-\lambda x} dB(x), \qquad i \geq 0.$$

δ_{j_n} est la variable de Bernoulli définie comme suit :

$$\delta_{j_n} = \begin{cases} 1, & \text{si le } (n+1)^{\text{ème}} \text{ client servi provient de l'orbite,} \\ 0, & \text{sinon.} \end{cases}$$

Sa distribution dans le cas de rappels classiques est donnée par :

$$P(\delta_{j_n} = 1/j_n = k) = \frac{k\theta}{\lambda + k\theta},$$
$$P(\delta_{j_n} = 0/j_n = k) = \frac{\lambda}{\lambda + k\theta}.$$

3.2.1 Condition d'ergodicité

Théorème 3.1. La chaîne de Markov induite $\{Z_n\}_{n=0}^{\infty}$ est ergodique si et seulement si

$$\rho = \lambda\gamma_1 < 1.$$

Preuve. Condition suffisante :

Il est clair que la chaîne de Markov induite $\{Z_n\}_{n=0}^{\infty}$ est irréductible et apériodique (d'après la formule (3.1)).

À présent, on applique le critère de Foster-Moustafa-Tweedie (Gnedenko et Kovlenko (1967) [76], Tijms (1994) [140]) : l'accroissement moyen de la chaîne de Markov induite $x_{ij} = E\left[(f(Z_{n+1}) - f(Z_n))/Z_n = (i,j)\right]$ est fini pour tout $s = (i,j) \in S$ et $x_s \leq -\varepsilon$ pour un nombre fini d'états, et f est une fonction test (fonction de Lyapunov) à choisir.

Dans notre cas, soit

$$f(Z_n) = f(i,j) = j, \quad \forall\, (i,j) \in S.$$

Alors

$$x_{ij} = \begin{cases} E(X), & \text{si } j = 0, \\ E\left[v_{n+1} - \delta_{jn}/Z_n = (i,j)\right] = E\left[v_{n+1}/Z_n = (i,j)\right] - \\ -E\left[\delta_{jn}/Z_n = (i,j)\right] = \lambda\gamma_1 - \dfrac{j\theta}{\lambda + j\theta}, & \text{si } j > 0, \end{cases}$$

$$= \begin{cases} \lambda\gamma_1 - \dfrac{j\theta}{\lambda + j\theta}, & \text{si } j \geq 1, \\ E(X), & \text{si } j = 0. \end{cases}$$

Donc :

$\lim\limits_{j \to \infty} x_{ij} = \lambda\gamma_1 - 1 < 0$ si et seulement si $\lambda\gamma_1 < 1$. Alors $\rho = \lambda\gamma_1 < 1$ est la condition suffisante.

Chapitre 3 : Étude analytique des modèles d'attente avec rappels et vacances   44

Condition nécessaire :

En premier lieu, réalisons la transformation suivante : $(2,j) \to 2j+1$ et $(1,j) \to 2j+2$, $j \geq 0$ (voir Aïssani (2000)[6], Artalejo (1997) [17]). Puis, appliquons la condition de Kaplan : $x_j < \infty$, pour tout $j \geq 0$, et $\exists j_0$ tel que $x_j \geq 0$, $j \geq j_0$, la chaîne irréductible et apériodique n'est pas ergodique.
Cette condition est vérifiée pour notre chaîne induite $\{Z_n\}_{n=0}^{\infty}$ car il existe k tel que $r_{ij} = 0$ pour $j < i - k$ et $i > 0$. D'où, $\lambda\gamma_1 \geq 1$ donne la non ergodicité de notre chaîne.
Ainsi, la chaîne de Markov induite $\{Z_n\}_{n=0}^{\infty}$ est ergodique si et seulement si $\rho = \lambda\gamma_1 < 1$.

3.2.2 Les probabilités de transition

Les probabilités de transition en un pas de la chaîne de Markov induite $\{Z_n\}_{n=0}^{\infty}$ sont données par les formules suivantes :
Si $C(\zeta_{n+1}^-) = 1$,

$$\begin{aligned}
r_{km} &= P(j_{n+1} = m/j_n = k) \\
&= P(j_n - \delta_{j_n} + v_{n+1} = m/j_n = k) \\
&= P((1, j_n - \delta_{j_n} + v_{n+1}) = (1,m)/(2,j_n = k))P(2, j_n = k) \\
&\quad + P((1, j_n - \delta_{j_n} + v_{n+1}) = (1,m)/(1,j_n = k))P(1, j_n = k) \\
&= P(v_{n+1} = m - k/(1, j_n = k), \delta_{j_n} = 0)P(\delta_{j_n} = 0/(1, j_n = k))P(1, j_n = k) \\
&\quad + P(v_{n+1} = m - k + 1/(1, j_n = k), \delta_{j_n} = 1)P(\delta_{j_n} = 1/(1, j_n = k))P(1, j_n = k) \\
&\quad + P(v_{n+1} = m - k/(2, j_n = k), \delta_{j_n} = 0)P(\delta_{j_n} = 0/(2, j_n = k))P(2, j_n = k) \\
&\quad + P(v_{n+1} = m - k + 1/(2, j_n = k), \delta_{j_n} = 1)P(\delta_{j_n} = 1/(2, j_n = k))P(2, j_n = k) \\
&= k_{m-k}\frac{\lambda}{\lambda + k\theta}P(1, j_n = k) + k_{m-k+1}\frac{k\theta}{\lambda + k\theta}P(1, j_n = k) \\
&\quad + k_{m-k}\frac{\lambda}{\lambda + k\theta}P(2, j_n = k) + k_{m-k+1}\frac{k\theta}{\lambda + k\theta}P(2, j_n = k) \\
&= k_{m-k}\frac{\lambda}{\lambda + k\theta}[P(1, j_n = k) + P(2, j_n = k)] \\
&\quad + k_{m-k+1}\frac{k\theta}{\lambda + k\theta}[P(1, j_n = k) + P(2, j_n = k)] \\
&= k_{m-k}\frac{\lambda}{\lambda + k\theta}[\pi_{1,k} + \pi_{2,k}] + k_{m-k+1}\frac{k\theta}{\lambda + k\theta}[\pi_{1,k} + \pi_{2,k}]. \quad (3.2)
\end{aligned}$$

Si $C(\zeta_{n+1}^-) = 2$,

$$\begin{aligned}
r_{km} &= P(X = m)P(1, j_n = 0) + P(X = m)P(2, j_n = 0) \\
&= P(X = m)(\pi_{1,0} + \pi_{2,0}), \quad m \geq 0, \quad (3.3)
\end{aligned}$$

où
$$\pi_0 = \pi_{1,0} + \pi_{2,0}.$$

3.2.3 Distributions stationnaires de la chaîne de Markov induite

Sous la condition d'ergodicité ($\rho < 1$),
$$\pi_{i,j} = \lim_{n \to \infty} P(Z_n = (i,j)), \quad (i,j) \in S.$$

D'après (3.2) et (3.3), on aura :

$$\begin{aligned}
\pi_{1,m} &= (1 - \delta_{mo}) \sum_{k=1}^{m} \frac{\lambda}{\lambda + k\theta} k_{m-k} (\pi_{1,k} + \pi_{2,k}) \\
&+ \sum_{k=1}^{m+1} \frac{k\theta}{\lambda + k\theta} k_{m-k+1} (\pi_{1,k} + \pi_{2,k}),
\end{aligned}$$

$$\pi_{2,m} = P(X = m)(\pi_{1,0} + \pi_{2,0}), \quad m \geq 0,$$

où
$$\delta_{ij} = \begin{cases} 1, & \text{si } i = j, \\ 0, & \text{si } i \neq j, \end{cases} \text{ est la fonction de Kronecker.}$$

Fonctions génératrices

Le théorème suivant donne les distributions stationnaires en termes des fonctions génératrices de la chaîne de Markov induite $\{Z_n\}_{n=0}^{\infty}$.

Théorème 3.2. La distribution stationnaire
$$\pi_{i,j} = \lim_{n \to \infty} P(Z_n = (i,j)), \quad (i,j) \in S,$$
possède les fonctions génératrices suivantes :

$$\pi_1(z) = \frac{\lambda K(z)(1-z)}{K(z) - z} L(z) + \frac{(1-\rho)(z - \chi(z))K(z)}{(\lambda E(X) - \rho)(K(z) - z)}, \quad (3.4)$$

$$\pi_2(z) = (1 - \rho)(\lambda E(X) - \rho)^{-1} \chi(z), \quad (3.5)$$

où, $K(z) = \psi(\lambda - \lambda z)$ et $\chi(z) = V^*(\lambda - \lambda z)$ est la fonction génératrice de de la variable X.

Preuve. Soient les fonctions génératrices

$$\begin{aligned}
\pi_1(z) &= \sum_{m=0}^{\infty} z^m \pi_{1,m} \\
&= \sum_{m=0}^{\infty} z^m \left[(1 - \delta_{mo}) \sum_{k=1}^{m} \frac{\lambda}{\lambda + k\theta} k_{m-k}(\pi_{1,k} + \pi_{2,k}) \right] \\
&\quad + \sum_{m=0}^{\infty} z^m \left[\sum_{k=1}^{m+1} \frac{k\theta}{\lambda + k\theta} k_{m-k+1}(\pi_{1,k} + \pi_{2,k}) \right] \\
&= \sum_{k=1}^{\infty} \frac{\lambda}{\lambda + k\theta} (\pi_{1,k} + \pi_{2,k}) K(z) z^k \\
&\quad + \sum_{k=1}^{\infty} \frac{k\theta}{\lambda + k\theta} (\pi_{1,k} + \pi_{2,k}) K(z) z^{k-1} \\
&= \sum_{k=0}^{\infty} \frac{\lambda}{\lambda + k\theta} (\pi_{1,k} + \pi_{2,k}) K(z) z^k - \pi_0 K(z) \\
&\quad + \sum_{k=0}^{\infty} \frac{k\theta}{\lambda + k\theta} (\pi_{1,k} + \pi_{2,k}) K(z) z^{k-1}, \quad (3.6)
\end{aligned}$$

$$\begin{aligned}
\pi_2(z) &= \sum_{m=0}^{\infty} z^m \pi_{2,m} \\
&= \sum_{m=0}^{\infty} z^m P(X = m)(\pi_{1,0} + \pi_{2,0}) \\
&= \pi_0 \chi(z), \quad (3.7)
\end{aligned}$$

où :

$$\pi_0 = \pi_{1,0} + \pi_{2,0}.$$

Posons :

$$\begin{aligned}
L_1(z) &= \sum_{m=0}^{\infty} z^m \frac{\pi_{1,m}}{\lambda + m\theta}, \text{ et} \\
L_2(z) &= \sum_{m=0}^{\infty} z^m \frac{\pi_{2,m}}{\lambda + m\theta}.
\end{aligned}$$

D'après l'équation (3.6), on trouve :

$$\pi_1(z) = K(z)[\lambda(L_1(z) + L_2(z)) - \pi_0 + \theta(L_1'(z) + L_2'(z))]. \quad (3.8)$$

L'équation (3.7) donne :

$$\pi_2(z) = (\pi_{1,0} + \pi_{2,0})\chi(z) = \pi_0 \chi(z). \tag{3.9}$$

Définissons :

$$\begin{aligned}
\pi_1(z) &= \sum_{m=0}^{\infty} z^m \pi_{1,m} = \sum_{m=0}^{\infty} \frac{\lambda + m\theta}{\lambda + m\theta} z^m \pi_{1,m} \\
&= \lambda \sum_{m=0}^{\infty} \frac{\pi_{1,m}}{\lambda + m\theta} z^m + \theta z \sum_{m=0}^{\infty} \frac{\pi_{1,m}}{\lambda + m\theta} m z^{m-1} \\
&= \lambda L_1(z) + \theta z L_1'(z),
\end{aligned} \tag{3.10}$$

et,

$$\begin{aligned}
\pi_2(z) &= \sum_{m=0}^{\infty} \frac{\lambda + m\theta}{\lambda + m\theta} \pi_{2,m} z^m \\
&= \lambda \sum_{m=0}^{\infty} \frac{\pi_{2,m}}{\lambda + m\theta} z^m + \theta \sum_{m=0}^{\infty} \frac{\pi_{2,m}}{\lambda + m\theta} m z^m \\
&= \lambda L_2(z) + \theta z L_2'(z).
\end{aligned} \tag{3.11}$$

Les équations (3.8) et (3.10) fournissent

$$\begin{aligned}
\lambda L_1(z) + \theta z L_1'(z) &= \lambda K(z) L_1(z) + \lambda K(z) L_2(z) \\
&\quad + \theta K(z) L_1'(z) + \theta K(z) L_2'(z) - \beta K(z).
\end{aligned}$$

D'où

$$L_1'(z) = \frac{\lambda[K(z) - 1]}{\theta[z - K(z)]} L_1(z) + \frac{K(z)[\lambda L_2(z) + \theta L_2'(z) - \pi_0]}{\theta[z - K(z)]}. \tag{3.12}$$

Les équations (3.9) et (3.11), donnent l'équation différentielle suivante

$$L_2'(z) = \frac{\pi_0}{\theta z} \chi(z) - \frac{\lambda}{\theta z} L_2(z). \tag{3.13}$$

D'après les équations différentielles (3.12) et (3.13), on obtient

$$L_1'(z) = \frac{\lambda[K(z) - 1]}{\theta[z - K(z)]} L_1(z) + \frac{\lambda K(z)[1 - z]}{\theta z[K(z) - z]} L_2(z) + \frac{\pi_0 K(z)[z - \chi(z)]}{\theta z[K(z) - z]}. \tag{3.14}$$

On résout l'équation différentielle (3.13). On retrouve la solution homogène suivante :

$$\frac{dL_2(z)}{dz} = -\frac{\lambda}{\theta z} L_2(z) \Leftrightarrow L_2(z) = C z^{-\frac{\lambda}{\theta}}. \tag{3.15}$$

En remplaçant (3.15) dans (3.13), on parvient à la solution non homogène suivante :

$$C(z) = \frac{\pi_0}{\theta} \int_1^z t^{\frac{\lambda}{\theta}-1} \chi(t) dt. \tag{3.16}$$

En remplaçant (3.16) dans (3.15), on obtient :

$$L_2(z) = \frac{\pi_0}{\theta} z^{-\frac{\lambda}{\theta}} \int_1^z t^{\frac{\lambda}{\theta}-1} \chi(t) dt. \tag{3.17}$$

La solution homogène de l'équation différentielle donnée en (3.14) est la suivante :

$$L_1(z) = \mathcal{R} \exp\left\{ \frac{\lambda}{\theta} \int_1^z \frac{1-K(t)}{K(t)-t} dt \right\}. \tag{3.18}$$

Par conséquent, on obtient :

$$\begin{aligned}\mathcal{R}'(z) &= \frac{\lambda \pi_0}{\theta^2} \frac{K(z)(1-z)z^{-\frac{\lambda}{\theta}-1}}{K(z)-z} \left\{ \int_1^z t^{\frac{\lambda}{\theta}-1} \chi(t) dt \right\} \exp\left\{ -\frac{\lambda}{\theta} \int_1^z \frac{K(t)-1}{t-K(t)} dt \right\} \\ &+ \frac{\pi_0}{\theta} \frac{K(z)(z-\chi(z))}{z(z-K(z))} \exp\left\{ -\frac{\lambda}{\theta} \int_1^z \frac{1-K(t)}{K(t)-t} dt \right\}.\end{aligned} \tag{3.19}$$

En substituant (3.19) dans (3.18), on retrouve

$$\begin{aligned}L_1(z) &= \frac{\pi_0}{\theta} \left(\frac{\lambda}{\theta} \int_1^z \left[\frac{K(t)(1-t)t^{-\frac{\lambda}{\theta}-1}}{K(t)-t} \exp\left\{ -\frac{\lambda}{\theta} \int_1^t \frac{1-K(u)}{K(u)-u} du \right\} \left\{ \int_1^t u^{\frac{\lambda}{\theta}-1} \chi(u) du \right\} \right] dt \right. \\ &\left. + \int_1^z \left[\frac{K(t)(t-\chi(t))}{t(K(t)-t)} \exp\left\{ -\frac{\lambda}{\theta} \int_1^t \frac{1-K(u)}{K(u)-u} du \right\} \right] dt \right) \exp\left\{ \frac{\lambda}{\theta} \int_1^z \frac{1-K(t)}{K(t)-t} dt \right\}.\end{aligned}$$

Alors, en combinant les équations (3.8), (3.10) et (3.13), on déduit

$$\begin{aligned}\pi_1(z) &= \frac{\lambda K(z)(1-z)}{K(z)-z} L_1(z) + \frac{\lambda K(z)(1-z)}{K(z)-z} L_2(z) + \frac{\pi_0 K(z)(z-\chi(z))}{K(z)-z} \\ &= \frac{\lambda K(z)(1-z)}{K(z)-z} L(z) + \frac{\pi_0 K(z)(z-\chi(z))}{K(z)-z},\end{aligned} \tag{3.20}$$

où,

$$L(z) = L_1(z) + L_2(z).$$

Cependant, (3.9) et (3.20), donnent

$$\pi_1(z) + \pi_2(z) = \frac{\lambda K(z)(1-z)}{K(z)-z} L(z) + \frac{\pi_0 z(K(z)-\chi(z))}{K(z)-z}. \tag{3.21}$$

Chapitre 3 : Étude analytique des modèles d'attente avec rappels et vacances 49

Il est clair que pour $z = 1$, $\pi_1(z) + \pi_2(z)$ en équation (3.21) est une forme indéterminée (de forme 0/0). Alors, on détermine la constante π_0 à partir de l'expression (3.21) et à l'aide de la règle de l'Hôpital, en utilisant le fait que $K'(1) = \rho$ et $\chi'(1) = \lambda E(X)$. Après calculs, on trouve

$$\pi_0 = \pi_{1,0} + \pi_{2,0} = (1-\rho)(\lambda E(X) - \rho)^{-1}. \tag{3.22}$$

Notons que l'expression (3.22) représente la probabilité de l'état stationnaire quand le serveur est non disponible à recevoir des clients.

En remplaçant l'expression de la constante π_0 dans les équations (3.9) et (3.20), on obtient (3.4) et (3.5).

Finalement, on observe que

$$\pi_1(1) = 1 - \pi_0 \text{ et } \pi_2(1) = \pi_0.$$

3.3 Approche par les processus régénératifs

Plusieurs processus stochastiques survenant, par exemple, dans les systèmes de files d'attente et les systèmes de gestion de stock possèdent la propriété de "régénération" en certains instants, alors le comportement futur du processus après ces instants devient une réplique, c'est-à-dire, le comportement futur du processus après ces instants possède exactement la loi de probabilité qu'il aurait eu s'il avait commencé à l'instant zéro. De tels processus sont appelés "processus régénératifs" [94, 131, 140, 141].

3.3.1 Distributions limites

Nous avons vu dans la section précédente comment obtenir la distribution stationnaire de la chaîne de Markov incluse aux époques de départ. Maintenant, nous employons une approche récursive basée sur la théorie des processus régénératifs [140], pour calculer les distributions limites :

$$P_{i,j} = \lim_{t \to \infty} P\{Z(t) = (C(t), N(t)) = (i,j)\}, \ (i,j) \in E = \{0,1,2\} \times \mathbb{N}, (P_{00} \equiv 0),$$

sous la condition d'ergodicité $\rho < 1$.
Pour cela, on définit quelques variables aléatoires :
T : la longueur d'un cycle,
T_{ij} : la quantité du temps dans un cycle durant lequel le système est à l'état (i,j),

V : la longueur d'une vacance propre,
V_j : le nombre de vacances propres dans un cycle pour lesquelles j clients sont laissés en orbite,
N_j : le nombre de fins de service dans un cycle pour lequel j clients sont laissés en orbite.
Alors,
$$P_{i,j} = \frac{E[T_{i,j}]}{E[T]}, \ \forall (i,j) \in E.$$
En faisant l'égalité entre le taux d'entrée et le taux de sortie pour l'état $(0,j)$ et $\{(i,n) : i \in \{0,1,2\}, \ j \geq n \geq 0\}$, respectivement, et en utilisant la propriété de PASTA [150], on obtient les équations de balance suivantes :

$$(\lambda + j\theta)E[T_{0,j}] = E[N_j] + E[V_j], \ j \geq 1, \qquad (3.23)$$

$$j\theta E[T_{0,j}] = \lambda(E[T_{1,j-1}] + E[T_{2,j-1}]), \ j \geq 1. \qquad (3.24)$$

Pour trouver une relation entre $E[T_{1,j}]$, $E[N_j]$ et $E[V_j]$, on introduit la quantité auxiliaire :
$A_{n,j}$: le temps moyen pour que durant un temps de service, j clients sont présents en orbite sachant que dans le précédent temps de service, ou la vacance propre, n clients sont laissés en orbite. Il est évident que $E[V_n] = P\{X = n\}$.
À présent, une simple application du théorème de Wald nous permet d'avoir

$$E[T_{1,j}] = \sum_{n=1}^{j+1}(E[N_n] + E[V_n])A_{n,j}, \ j \geq 0. \qquad (3.25)$$

En combinant (3.23) et (3.25) on trouve que

$$E[T_{1,j}] = \sum_{n=1}^{j+1}(\lambda + n\theta)E[T_{0,j}]A_{n,j}, \ j \geq 0. \qquad (3.26)$$

De (3.24) et (3.26), on obtient

$$E[T_{1,j}] = \sum_{n=0}^{j} \frac{\lambda(\lambda + (n+1)\theta)}{(n+1)\theta}(E[T_{1,n}] + E[T_{2,n}])A_{n+1,j}, \ j \geq 0. \qquad (3.27)$$

En divisant (3.24) et (3.27) par $E[T]$, on trouve les relations de récurrence

$$P_{0,j} = \frac{\lambda}{j\theta}(P_{1,j-1} + P_{2,j-1}), \ j \geq 1, \qquad (3.28)$$

$$P_{1,j} = \sum_{n=0}^{j} \frac{\lambda(\lambda + (n+1)\theta)}{(n+1)\theta}(P_{1,n} + P_{2,n})A_{n+1,j}, \ j \geq 0. \qquad (3.29)$$

Les équations (3.28) et (3.29) donnent une procédure récursive stable qui permet de trouver $\{P_{0,j}, j \geq 1\}$ et $\{P_{1,j}, j \geq 0\}$ en fonction de $\{P_{2,j}, j \geq 0\}$ et $A_{n,j}$. La séquence $\{P_{2,j}, j \geq 0\}$

Chapitre 3 : Étude analytique des modèles d'attente avec rappels et vacances

peut être déterminée en pratique pour chaque politique de vacances. Cela revient à spécifier les coefficients $A_{n,j}$. Pour calculer $A_{n,j}$, on définit une autre quantité auxiliaire :

$B_{n,j}$: le temps moyen pour que durant un temps de service, j clients sont présents en orbite sachant qu'immédiatement après le début du service, n clients étaient en orbite. Il est facile d'observer qu'un intervalle infinitésimal $(t, t+\Delta t)$ contribue à $B_{n,j}$ si :

i) le temps de service n'a pas été terminé avant le temps t (avec la probabilité $1 - B(t)$),

ii) $j - k$ clients primaires arrivent au système dans l'intervalle $(0, t)$.

Alors, on a
$$B_{n,j} = \int_0^\infty e^{-\lambda t} \frac{(\lambda t)^{j-n}}{(j-n)!}(1 - B(t))dt, \; j \geq n \geq 0.$$

Les quantités auxiliaires $A_{n,j}$ et $B_{n,j}$ sont connectées par les relations suivantes
$$A_{j+1,j} = \frac{(j+1)\theta}{\lambda + (j+1)\theta} B_{j,j}, \; j \geq 0,$$
$$A_{n,j} = \frac{n\theta(1-\delta_{n0})}{\lambda + n\theta} B_{n-1,j} + \frac{\lambda}{\lambda + n\theta} B_{n,j}, \; j \geq n \geq 0.$$

À présent, l'équation (3.29) peut être réécrite comme suit
$$(1 - \lambda a_0) P_{1,j} = \lambda a_0 P_{2,j} +$$
$$+\lambda(1 - \delta_{j0}) \sum_{n=1}^j (P_{1,n-1} + P_{2,n-1})(a_{j-n+1} + \frac{\lambda}{n\theta} a_{j-n}), \; j \geq 0, \quad (3.30)$$

où
$$a_j = \int_0^\infty e^{-\lambda t} \frac{(\lambda t)^j}{j!}(1 - B(t))dt, \; j \geq 0,$$

et
$$A(z) = \sum_{j=0}^\infty a_j z^j = \frac{1 - \psi(\lambda - \lambda z)}{\lambda - \lambda z}.$$

Par la suite, on étudie les fonctions génératrices partielles $P_i(z) = \sum_{j=0}^\infty P_{i,j} z^j$, pour $i \in \{0, 1, 2\}$ des probabilités limites.

Théorème 3.3. Si $\rho < 1$, alors les fonctions génératrices partielles $P_i(z)$ sont données par :
$$P_0(z) = \frac{\lambda}{\theta} \frac{P_{2,\bullet}}{E(X)} \int_1^z \left[\frac{1 - \chi(t)}{K(t) - t} \exp\left\{ -\frac{\lambda}{\theta} \int_1^t \frac{1 - K(u)}{K(u) - u} du \right\} \right] dt$$
$$\times \exp\left\{ \frac{\lambda}{\theta} \int_1^z \frac{1 - K(t)}{K(t) - t} dt \right\}, \quad (3.31)$$
$$P_1(z) = \frac{K(z) - 1}{z - K(z)} (P_0(z) + P_2(z)), \text{ et} \quad (3.32)$$
$$P_2(z) = \frac{P_{2,\bullet}}{E(X)} \frac{1 - \chi(z)}{1 - z}. \quad (3.33)$$

Preuve. De (3.28) et (3.30), on obtient une relation récurrente alternative en fonction des probabilités $\{P_{0,j}, \ j \geq 1\}$:

$$\frac{\theta}{\lambda}(1 - \lambda a_0)(j+1)P_{0,j+1} = P_{2,j} + \lambda(1 - \delta_{j0})\sum_{n=1}^{j}(\frac{n\theta}{\lambda}a_{j-n+1} + a_{j-n})P_{0,n}. \tag{3.34}$$

Alors, après transformations de l'équation (3.34), on trouve

$$\begin{aligned}
\frac{\theta}{\lambda}(1 - \lambda a_0)\sum_{j=0}^{\infty}(j+1)P_{0,j+1}z^j &= P_2(z) + \lambda\sum_{j=1}^{\infty}\sum_{n=1}^{j}(\frac{n\theta}{\lambda}a_{j-n+1} + a_{j-n})P_{0,n}z^j \\
\frac{\theta}{\lambda}(1 - \lambda a_0)\left[\sum_{j=0}^{\infty}P_{0,j+1}z^{j+1}\right]' &= P_2(z) + \lambda\sum_{n=1}^{\infty}\sum_{j=n}^{\infty}(\frac{n\theta}{\lambda}a_{j-n+1} + a_{j-n})P_{0,n}z^j \\
\frac{\theta}{\lambda}(1 - \lambda a_0)P_0'(z) &= P_2(z) + \lambda\sum_{n=1}^{\infty}P_{0,n}\left[\frac{n\theta}{\lambda}\sum_{k=1}^{\infty}a_k z^k z^{n-1} + A(z)z^n\right] \\
&= P_2(z) + \lambda\sum_{n=1}^{\infty}P_{0,n}\left[\frac{n\theta}{\lambda}\left(A(z) - a_0\right)z^{n-1} + A(z)z^n\right] \\
&= P_2(z) + \theta\left(A(z) - a_0\right)\sum_{n=1}^{\infty}nP_{0,n}z^{n-1} + \lambda A(z)P_0(z) \\
&= P_2(z) + \theta\left(A(z) - a_0\right)P_0'(z) + \lambda A(z)P_0(z).
\end{aligned}$$

D'où

$$P_0'(z) = \frac{\lambda}{\theta}\frac{1}{1 - \lambda A(z)}P_2(z) + \frac{\lambda}{\theta}\frac{\lambda A(z)}{1 - \lambda A(z)}P_0(z).$$

Comme

$$A(z) = \frac{1 - K(z)}{\lambda - \lambda z} \quad \text{et} \quad \frac{\lambda A(z)}{1 - \lambda A(z)} = \frac{1 - K(z)}{K(z) - z},$$

on déduit

$$P_0'(z) - \frac{\lambda}{\theta}\frac{1 - z}{K(z) - z}P_0(z) = \frac{\lambda}{\theta}\frac{P_{2,\bullet}}{E(X)}\frac{1 - \chi(z)}{K(z) - z}. \tag{3.35}$$

À présent, on peut résoudre l'équation différentielle (3.35). On obtient (3.31).
En prenant les fonctions génératrices des deux termes de l'équation (3.28), on a

$$P_0'(z) = \frac{\lambda}{\theta}(P_1(z) + P_2(z)). \tag{3.36}$$

On combine (3.35) et (3.36) pour trouver l'équation (3.32). L'équation (3.33) provient de

$$P_{2,j} = P_{2,\bullet}\frac{P(X \geq j+1)}{E(X)}, \ j \geq 0. \tag{3.37}$$

Chapitre 3 : Étude analytique des modèles d'attente avec rappels et vacances 53

Il est évident que cette dernière provient de (3.7).
À ce niveau, la seule inconnue est $P_{2,\bullet} = \sum_{j=0}^{\infty} P_{2,j}$, qui peut être déterminée en utilisant la condition de normalisation $P_0(1) + P_1(1) + P_2(1) = 1$. Alors, en posant $z = 1$ dans (3.31)-(3.33) et en appliquant la règle de l'Hôpital, on obtient

$$P_{2,\bullet} = (1-\rho)\lambda^{-1}. \tag{3.38}$$

On remarque que la formule de Little pour le nombre moyen de serveurs occupés donne l'expression

$$P_{1,\bullet} = \sum_{j=0}^{\infty} P_{1,j} = \lambda \gamma_1 = \rho. \tag{3.39}$$

De (3.38), (3.39) et la condition de normalisation $\sum_{i=0}^{2} \sum_{j=0}^{\infty} P_{i,j} = 1$, on trouve que

$$P_{0,\bullet} = \sum_{j=0}^{\infty} P_{0,j} = \frac{(1-\rho)(\lambda-1)}{\lambda}. \tag{3.40}$$

3.3.2 Décomposition stochastique

Dans cette section, on donne le résultat important concernant la décomposition stochastique de la distribution du nombre de clients dans le système en un point arbitraire au régime stationnaire.

$$P_j = (1-\delta_{0,j})(P_{0,j} + P_{1,j-1}) + P_{2,j}, \quad j \geq 0. \tag{3.41}$$

Théorème 3.4. Si $\rho < 1$, alors la fonction génératrice du nombre de clients dans le système est donnée par :

$$P(z) = Q(z)\frac{P_0(z) + P_2(z)}{P_{0,\bullet} + P_{2,\bullet}}, \tag{3.42}$$

où $Q(z)$ est la formule bien connue de Pollaczek-Khintchine pour la file classique $M/G/1$ (voir l'Équation (1.3), Section 1.6, Chapitre 1), qui est donnée par

$$Q(z) = \frac{(1-\rho)(1-z)K(z)}{K(z)-z}.$$

Preuve. En prenant les fonctions génératrices des deux termes de l'équation (3.41), on a

$$\begin{aligned}
P(z) &= \sum_{j=0}^{\infty} P_j z^j = \sum_{j=0}^{\infty} (1-\delta_{0,j})(P_{0,j} + P_{1,j-1}) + \sum_{j=0}^{\infty} P_{2,j} \\
&= \sum_{j=1}^{\infty} P_{0j} z^j + \sum_{j=1}^{\infty} P_{1j-1} z^j + P_2(z) \\
&= P_0(z) + \sum_{k=1}^{\infty} P_{1k} z^{k+1} + P_2(z) \\
&= P_0(z) + z P_1(z) + P_2(z).
\end{aligned}$$

En prenant en considération les relations (3.31), (3.32) et (3.33), on obtient (3.42).

$$\begin{aligned}
P(z) &= P_0(z) + z P_1(z) + P_2(z) \\
&= P_0(z) + \frac{z(1-K(z))}{K(z)-z}[P_0(z) + P_2(z)] + P_2(z) \\
&= P_0(z)\left[1 + \frac{z(1-K(z))}{K(z)-z}\right] + P_2(z)\left[1 + \frac{z(1-K(z))}{K(z)-z}\right] \\
&= \frac{(1-z)K(z)}{K(z)-z}[P_0(z) + P_2(z)].
\end{aligned}$$

Remarque 3.1. Notons que l'expression (3.42) est la décomposition stochastique habituelle qui est vérifiée pour une classe générale de files d'attente avec rappels et vacances à un seul serveur (voir la Section 2.3, Théorème 2.5, Équation (2.3)).

3.4 Quelques mesures de performance

Notre prochain objectif est de fournir des expressions explicites pour quelques mesures de performance du système $M/G/1$ avec rappels classiques et vacances du serveur. Les résultats sont résumés dans les corollaires suivants.

Corollaire 3.1. Le temps moyen de clients dans le système durant une période d'oisiveté, la période d'occupation et la période de vacances sont donnés respectivement par

$$\begin{aligned}
E(N_I) &= P_0'(1) = \frac{\lambda}{\theta}\frac{\lambda}{1-\rho}P_{2,\bullet} = \frac{\lambda}{\theta}, \\
E(N_B) &= P_1'(1) = \frac{\lambda^2}{2}\frac{\gamma_2}{1-\rho} + \frac{\lambda}{\theta}\frac{\rho}{(1-\rho)} + \frac{\lambda\rho}{2}\frac{E(X^2)}{E(X)}, \text{ et} \\
E(N_V) &= P_2'(1) = \frac{\lambda^2 E(X^2)}{2}\frac{P_{2,\bullet}}{E(X)} = (1-\rho)\frac{\lambda}{2}\frac{E(X^2)}{E(X)}.
\end{aligned}$$

Chapitre 3 : Étude analytique des modèles d'attente avec rappels et vacances   55

Corollaire 3.2. Le temps moyen de clients dans le système en un point aléatoire est donné par

$$\begin{aligned} L_s &= E(N_I) + E(N_B) + E(N_V) = P'(1) = \\ &= \frac{1}{1-\rho}\left(\frac{\lambda}{\theta} + \frac{\lambda^2 \gamma_2}{2}\right) + \frac{\lambda}{2}\frac{E(X^2)}{E(X)}. \end{aligned} \quad (3.43)$$

Le temps moyen d'attente dans le système est obtenu en utilisant les formules de Little et l'équation (3.43). Il est donné par

$$W = \frac{L_s}{\lambda} = \frac{1}{1-\rho}\left(\frac{1}{\theta} + \frac{\lambda \gamma_2}{2}\right) + \frac{E(X^2)}{2E(X)}.$$

La preuve des deux corollaires s'obtient facilement suivant le résultat donné dans le théorème 3.3.

Conclusion

Dans ce chapitre, nous avons effectué une étude quantitative d'analyse du l'état stationnaire du modèle $M/G/1$ avec rappels classiques et vacances du serveur. En utilisant la technique de la chaîne de Markov induite, nous avons obtenu la condition d'ergodicité et la distribution du nombre de clients dans le système. À l'aide d'une approche récursive basée sur la théorie des processus de Markov régénératifs, nous avons déterminé les distributions limites associées à l'état du serveur, la décomposition stochastique habituelle de la distribution du nombre moyen de clients dans le système et quelques autres mesures de performance.

Conclusion I

Dans cette première partie, nous avons montré l'intérêt et les applications des systèmes d'attente (ordinaires, avec rappels, avec vacances et avec rappels et vacances). Les modèles ordinaires ne prennent pas en considération le phénomène de répétition de demandes de service qui exerce une influence non négligeable sur les caractéristiques de performance de certains systèmes réels, tels que les systèmes de télécommunication. Ce phénomène de répétition de demandes du service est étudié par la théorie de files d'attente avec rappels dont nous avons actualisé une synthèse des résultats connus. Nous nous sommes ensuite intéressés aux modèles avec rappels et vacances du serveur, qui se distinguent des modèles ordinaires par l'existence de deux paramètres supplémentaires : rappels et vacances.

Nous avons ensuite indiqué la manière d'obtenir les probabilités de transition, la condition d'ergodicité et les fonctions génératrices associées aux distributions stationnaires du modèle $M/G/1$ avec rappels classiques et vacances du serveur. Enfin, nous avons dérivé les distributions limites, la décomposition stochastique de la distribution du nombre de clients dans le système en un point arbitraire au régime stationnaire et quelques mesures de performance, en utilisant la théorie des processus de Markov régénératifs.

Dans cette étude, nous avons constaté les difficultés d'obtenir la solution analytique exacte pour la distribution stationnaire de la taille du système pour ces modèles. Une issue possible pour faciliter les investigations sur ces systèmes est de considérer la méthode de comparaison stochastique qui fera l'objet des chapitres suivants.

Deuxième partie

Inégalités stochastiques

Introduction II

La prise en considération des appels répétés et vacances du serveur introduit de grandes difficultés analytiques. En effet, des résultats analytiques détaillés n'existent que pour un certain nombre de files d'attente avec rappels et vacances particulières, avec des hypothèses contraignantes sur certains paramètres tels que le nombre de serveurs (un seul serveur), les distributions des temps de rappels, de vacances et d'arrivées (lois exponentielles) et l'état du système (régime stationnaire), alors que pour beaucoup d'autres, les résultats obtenus sont extrêmement limités. Ceci est dû essentiellement aux difficultés pour obtenir des résultats analytiques. La résolution de ces modèles peut se faire alors à l'aide de méthodes approximatives. Parmi les principales approches développées dans ce sens, on trouve les méthodes de comparaison stochastique. Ces méthodes constituent aujourd'hui l'une des principales activités de recherche dans divers domaines scientifiques tels que l'économie, la biologie, la recherche opérationnelle, la théorie de décision, les télécommunications, ... Elles fournissent un outil d'aide à la décision pour l'étude et la conception des systèmes complexes. En effet, elles permettent d'obtenir des estimations et de mettre en évidence des propriétés qualitatives des mesures de performance, en termes de monotonie ou de comparabilité, suivant des ordres stochastiques donnés.

Les propriétés de monotonie sont bien documentées dans la littérature. L'une de ces propriétés a été étudiée dans le travail de Liang et Kulkarni (1993) [108]. Les auteurs étudient comment la distribution des temps de rappels affecte la congestion du système. Ils ont fourni des comparaisons stochastiques des diverses mesures de performance du système $GI/GI/1/N$ avec rappels lorsque la loi des temps entre rappels suit une loi PH et ont exprimé ainsi l'effet qualitatif des temps entre rappels sur l'évolution du système. Falin ((1986) [65], (1990) [66]) a établi les conditions de comparabilité, pour le système $M/G/1$ avec rappels et un serveur absolument fiable, sous lesquelles l'opérateur de transition de la chaîne de Markov incluse est monotone. Il a montré également que si la loi de service est $NBUE$ (New Better than Used in Expectation), alors le nombre de clients dans le système est inférieur, suivant l'ordre convexe $\leq_v$, à une variable aléatoire de loi binomiale négative. Greenberg (1989) [79] a prouvé que si la loi de service est $NWUE$ (New Worse than Used in Expectation), alors la probabilité de blocage calculée sous l'hypothèse de l'approximation de Wolff est une borne supérieure de la probabilité de blocage d'un système $M/G/1$ avec rappels non persistants. Le même résultat a été établi par Greenberg et Wolff [80] pour le système avec rappels non persistants $M/M/m/m$. Pour le modèle $M/M/m/m$ avec une orbite infinie, Falin (1983) [64] obtient une estimation de l'erreur d'approximation par un système d'orbite à capacité finie, via la monotonie d'un processus tronqué. Falin et Khalil (1994) [86] ont utilisé la théorie générale des ordres stochastiques pour l'étude des propriétés de monotonie du système $M/G/1$ avec rappels suivant des ordres stochastiques donnés : ordre stochastique, convexe et en transformée de Laplace. En particulier, ils ont déterminé des bornes simples pour la distribution stationnaire du nombre de clients dans le système et aussi pour le nombre moyen de clients servis durant une période d'activité. Artalejo (1994) [23] a déterminé, en utilisant une approche numérique, des estimations par majoration et minoration pour la période d'activité du système $M/M/1$ avec rappels et pannes actives. Oukid (1995) [116] a généralisé les travaux de Stoyan (1983) [133], traitant le modèle de files d'attente classique $GI/GI/1$ en obtenant des estimations par majoration et minoration pour la période d'activité du système $GI/GI/1$ avec rappels et serveur non fiable. Aïssani (1999) [5] a établi, pour le modèle $GI/GI/1$, des conditions sur les distributions paramétriques (le processus des arrivées, le temps de service et le délai d'attente) pour lesquelles deux modèles de files d'attente sont comparables du point de vue de certaines mesures de performance "due-date" au sens de certains ordres stochastiques donnés. Des bornes pour ces mesures de performance sont obtenues et des exemples numériques sont donnés pour vérifier les résultats trouvés. Récemment, Oukid et Aïssani (2008) [117] ont déterminé des conditions de comparabilité pour une série de systèmes $M/G/1$ avec rappels et serveur non fiable et ont étudié la monotonie de l'opérateur de transition associé à la chaîne de Markov incluse. Également, ils ont obtenu des inégalités stochastiques pour la distribution du nombre de clients dans le système. En 2009, les auteurs ont obtenu des bornes stochastiques pour les périodes d'activité et d'inactivité du serveur [118].

4
Généralités sur la théorie des inégalités stochastiques

Introduction

La complexité de l'étude de la majorité des systèmes de files d'attente a contraint les analystes à recourir à des méthodes d'approximation basées sur les inégalités stochastiques pour avoir des estimations qualitatives des caractéristiques du modèle étudié. Cela a motivé l'élaboration de la théorie des ordres stochastiques qui nous a permis l'étude du concept de monotonie des processus aléatoires. L'objectif de ces méthodes est l'approximation du modèle étudié par un modèle plus simple ou bien par un modèle dont les distributions sont plus simples que celles du modèle étudié. Cela fournit des informations sur notre modèle, difficiles à avoir directement.

Les ordres stochastiques sont maintenant un domaine de recherche bien établi, qui est toujours en développement intensif et qui offre plusieurs problèmes ouverts. Ils mènent à des méthodes d'approximation robustes et des bornes dans des situations où les modèles stochastiques réels sont trop complexes pour un traitement rigoureux. Le but de la recherche mathématique est alors de trouver des ordres bien adaptés qui mènent à des bornes raffinées (closed borne) et de bonnes approximations. Les ordres stochastiques sont aussi utiles dans des situations où les distributions fondamentales d'un modèle sont seulement connues partiellement. En économie, ils sont des moyens importants dans la théorie des décisions individuelles sous

Chapitre 4 : Généralités sur la théorie des inégalités stochastiques 61

risque, où le décideur a à comparer les actions menant à différents payements incertains. La théorie de files d'attente, la fiabilité, la physique statistique, l'épidémiologie, l'assurance mathématique constituent d'importants champs d'application [37, 75, 111, 112, 113, 138].

Ce chapitre est organisé de la manière suivante : Dans la première section, on commence par donner brièvement quelques propriétés générales des ordres partiels des fonctions de répartition de variables aléatoires. Les quatres ordres partiels (stochastique, convexe, concave ainsi que l'ordre de Laplace) sont considérés. Dans la deuxième section, on donne quelques propriétés de monotonie des modèles stochastiques. Les conditions de monotonie et de comparabilité des processus markoviens homogènes sont traitées dans la troisième section et une liste de distributions d'âge est donnée dans la quatrième section. Les résultats et les notions décrits dans ce chapitre peuvent être trouvés dans (Boualem (2003) [39], Gine et al. (2003) [75], Müller (2002) [113], Schantikumar (1994) [125] et Stoyan (1983) [133]).

4.1 Propriétés générales des ordres partiels

On appelle un ordre partiel, noté " $\prec$ ", une relation binaire définie sur un ensemble $\mathcal{D}$ d'éléments $a, b, c, ...$, satisfaisant les trois axiomes :

(i) $a \prec a$ (réflexivité),

(ii) si $a \prec b$ et $b \prec c$ alors $a \prec c$ (transitivité),

(iii) si $a \prec b$ et $b \prec a$ alors $a = b$ (antisymétrie).

Notons que $a \prec b$ est équivalent à dire que $b \succ a$.

Cette section est consacrée à quelques propriétés de l'ordre partiel défini sur l'ensemble $\mathcal{D}$ de toutes les fonctions de répartition de variables aléatoires réelles (ou bien l'un de ses sous-ensembles).

Pour les deux variables aléatoires X et Y de fonctions de répartition F et G (respectivement) on a par convention :

$$F \prec G \Leftrightarrow X \prec Y.$$

On suppose que deux variables aléatoires X et Y sont définies sur le même espace de probabilité, alors leurs fonctions de répartition respectives F et G peuvent satisfaire la propriété d'antisymétrie (iii) sans pour autant avoir $X = Y$.

Lorsque les variables aléatoires sont dégénérées, certaines propriétés des ordres partiels définies sur $\mathcal{D}$ découlent directement des propriétés de l'ordre des nombres réels. Pour cela, on utilisera la distribution de Dirac, notée par $\Theta_c(.)$, définie pour tous les nombres réels comme suit :

$$\Theta_c(x) = \begin{cases} 0, & \text{si } x < c, \\ 1, & \text{si } x \geq c. \end{cases}$$

Définition 4.1. Soit un ordre partiel donné " $\prec$ " défini sur (un sous ensemble de) l'espace $\mathcal{D}$ des fonctions de répartition.
On dit que cet ordre possède la propriété :
- **(R)** : si $\forall\, a, b \in \mathbb{R}$ tels que $a \leq b$, alors $\Theta_a \prec \Theta_b$.
- **(E)** : si $F \prec G$, alors $m_F \leq m_G$ lorsque les moyennes existent.
- **(M)** : si $F \prec G$, alors $F^c \prec G^c$, $\forall\, c > 0$, où $F^c(x) = F(x/c)$, $\forall x$.
- **(C)** : si $F_1 \prec F_2$ alors $F_1 * G \prec F_2 * G$, où $(F_i * G)(x) = \int\limits_{-\infty}^{+\infty} F_i(x-y) dG(y)$, $i = 1, 2$.
- **(W)** : si F_n et G_n convergent faiblement vers F et G (respectivement) alors :
$$\forall\, n,\ F_n \prec G_n \Rightarrow F \prec G.$$

Remarque 4.1. Pour les deux variables aléatoires X et Y :
La propriété (M) assure que :
$$X \prec Y \Leftrightarrow cX \prec cY \text{ pour tout } c \in]0, +\infty[.$$

La propriété (C) assure que :
$$X_1 \prec X_2 \Rightarrow X_1 + Y \prec X_2 + Y,$$

où Y est une variable aléatoire indépendante de X_1 et X_2.
La propriété (E) assure que :
$$X \prec Y \Rightarrow E(X) \leq E(Y).$$

On remarque que la propriété (E) découle des autres propriétés

Proposition 4.1. Un ordre partiel $\prec$ sur un ensemble (ou bien sur un sous ensemble de) $\mathcal{D}$ qui vérifie les propriétés (R), (M), (C) et (W), vérifie aussi la propriété (E).

Définition 4.2. Pour une classe de fonctions réelles $\Im_<$, l'ordre partiel $\prec$ défini sur l'ensemble (ou sur le sous ensemble de) $\mathcal{D}$ est dit généré par $\Im_<$ si :
$$F \prec G \Leftrightarrow \int\limits_{-\infty}^{+\infty} f(x) dF(x) \leq \int\limits_{-\infty}^{+\infty} f(x) dG(x),$$

pour toute fonction f dans $\Im_<$, telle que les intégrales existent.

Chapitre 4 : Généralités sur la théorie des inégalités stochastiques 63

Définition 4.3. La classe Υ de fonctions réelles définies sur la droite réelle $\mathbb{R}$ (resp. la demi-droite $\mathbb{R}_+$) est dite invariante par translation, si pour tout $a \in \mathbb{R}$ (resp. $a \in \mathbb{R}_+$), lorsque $f \in \Upsilon$, on a aussi $f_a \in \Upsilon$, où f_a est la fonction définie par

$$f_a(x) = f(x+a), \ \forall x \in \mathbb{R} \ (\text{resp.} \ \forall x \in \mathbb{R}_+).$$

4.1.1 Ordre stochastique

Définition 4.4. On dit que la variable aléatoire X de fonction de répartition F, est stochastiquement inférieure (ou bien inférieure en distribution) à la variable aléatoire Y de fonction de répartition G, et on note $F \leq_{st} G$, lorsque

$$F(x) \geq G(x), \ \forall x \in \mathbb{R}.$$

On écrit aussi $X \leq_{st} Y$ ($\leq_{st}$ noté aussi par l'ordre $\leq_d$).

Dans le cas où X et Y sont des variables aléatoires discrètes prenant des valeurs sur l'ensemble des entiers relatifs $\mathbb{Z}$, et en notant par $P_i^{(1)} = P\{X = i\}$ et $P_i^{(2)} = P\{Y = i\}$ pour $i \in \mathbb{Z}$, alors

$$X \leq_{st} Y \Leftrightarrow \sum_{j=-\infty}^{i} P_j^{(1)} \geq \sum_{j=-\infty}^{i} P_j^{(2)}, \ i \in \mathbb{Z},$$

ce qui est équivalent à :

$$\sum_{j=i}^{+\infty} P_j^{(1)} \leq \sum_{j=i}^{+\infty} P_j^{(2)}, \ i \in \mathbb{Z}.$$

Remarquons que l'ordre stochastique $\leq_{st}$ satisfait les axiomes de l'ordre partiel $\prec$.

Proposition 4.2. Si $F_1 \leq_{st} F_2$, alors il existe deux variables aléatoires X_1 et X_2 définies sur le même espace de probabilité $(\Omega, \mathcal{A}, \mathcal{P})$ pour lesquelles

$$X_1(\omega) \leq X_2(\omega), \ \forall \omega \in \Omega,$$

et

$$P(\omega : X_k(\omega) \leq x) = F_k(x) \ \text{pour} \ k = 1, 2.$$

Notons par $\Re_{st}(\mathbb{R})$ la classe des fonctions réelles non décroissantes, alors la classe $\mathbb{R}_{\leq_{st}}$ des fonctions $\leq$-monotones est confondue avec la classe $\Re_{st}(\mathbb{R})$, c'est-à-dire $\mathbb{R}_{\leq_{st}} = \Re_{st}(\mathbb{R})$.

Théorème 4.1. L'inégalité

$$\int\limits_{-\infty}^{+\infty} f(t) dF_1(t) \leq \int\limits_{-\infty}^{+\infty} f(t) dF_2(t), \qquad (4.1)$$

est vérifiée pour toute fonction f appartenant à $\Re_{st}(\mathbb{R})$ pour laquelle l'intégrale existe, si et seulement si $F_1 \leq_{st} F_2$. Pour une fonction f donnée, l'inégalité (4.1) est vérifiée pour tout F_1 et F_2 telles que $F_1 \leq_{st} F_2$ uniquement si f est non décroissante.

Corollaire 4.1. Pour deux variables aléatoires X et Y non négatives, avec $X \leq_{st} Y$, on a

$$E(X^r) \leq E(Y^r), \quad (r \geq 0),$$
$$E(X^r) \geq E(Y^r), \quad (r < 0),$$

lorsque les espérances existent. Et si celles-ci sont bien définies

$$E(X^r) \leq E(Y^r), \quad (r = 1, 3, 5, ...),$$

pour des variables quelconques (pas forcément non négatives).

4.1.2 Ordre convexe

On note par : $x_+ = \max(0, x)$.

Définition 4.5. On dit que la variable aléatoire X, de fonction de répartition F, est inférieure en moyenne de vie résiduelle à la variable aléatoire Y, de fonction de répartition G, et on écrit $X \leq_v Y$, ou bien $F \leq_v G$ si et seulement si :

$$E((X-x)_+) = \int_x^{+\infty}(t-x)dF(t) = \int_x^{+\infty}(1-F(t))dt$$
$$\leq \int_x^{+\infty}(1-G(t))dt = E((Y-x)_+), \quad (4.2)$$

lorsque les espérances (ou bien les intégrales) sont bien définies.

Dans le cas discret, on a :

$$X \leq_v Y \Leftrightarrow \sum_{i=k}^{\infty}\sum_{j=i}^{\infty} P_j^{(1)} \leq \sum_{i=k}^{\infty}\sum_{j=i}^{\infty} P_j^{(2)}.$$

Une conséquence immédiate de cette définition :

si $F \leq_{st} G$ et $E(Y_+) < \infty$ alors $F \leq_v G$.

En notant par $\bar{F}(t) = 1 - F(t)$, l'inégalité (4.2) peut s'écrire comme suit :

$$\int_x^{\infty} \bar{F}(t)dt \leq \int_x^{\infty} \bar{G}(t)dt,$$

ou bien

$$\begin{aligned} E(\max(x,X)) &= x + E((X-x)_+) \\ &\leq x + E((Y-x)_+) \\ &= E(\max(x,Y)), \ \forall x \in \mathbb{R}. \end{aligned} \quad (4.3)$$

Lorsque $E((x-X)_+)$ et $E((x-Y)_+)$ existent,

$$X \leq_v Y \Rightarrow E(X) \leq E(Y).$$

En effet

$$\begin{aligned} E(X) - E(Y) &= E((Y-x)_+) - E((X-x)_+) - E((x-Y)_+) + E((x-X)_+) \\ &\geq E((x-X)_+) - E((x-Y)_+) \to 0 \text{ quand } x \to -\infty. \end{aligned}$$

De l'inégalité (4.3) découle la transitivité et l'antisymétrie de l'ordre convexe. Alors, c'est un ordre partiel sur les sous ensembles de $\mathcal{D}$ pour lesquels $\int_0^\infty t dF(t) < \infty$. Sans cette condition, la propriété de l'antisymétrie peut ne pas avoir lieu.

Pour une variable aléatoire X de moyenne finie m, il es clair que :

$$\begin{aligned} E(\max(x,X)) &\geq E(\max(x,E(X))) \\ &= \max(x,m). \end{aligned}$$

En vertu de l'inégalité (4.3), on a

$$m \leq_v X.$$

Il s'ensuit, d'après l'inégalité (4.3) que l'ordre convexe possède la propriété (R) et (M). D'après l'inégalité (4.2), on déduit que l'ordre convexe est généré par la famille

$$\Im_v = \{e_x; \ -\infty < x < +\infty\},$$

des fonctions e_x définies comme suit

$$e_x(t) = (t-x)_+ = \int_{-\infty}^t \Theta_x(u) du.$$

Puisque la classe $\Im_v$ est invariante par translation, alors l'ordre convexe possède la propriété (C).

Notons par $\Re_v(\mathbb{R})$, la classe des fonctions convexes et non-décroissantes.

Théorème 4.2.   1. L'inégalité

$$\int_{-\infty}^{+\infty} f(t)dF_1(t) \leq \int_{-\infty}^{+\infty} f(t)dF_2(t), \qquad (4.4)$$

est vérifiée pour toute fonction f appartenant à $\Re_v(\mathbb{R})$ pour laquelle les intégrales sont bien définies, si et seulement si $F_1 \leq_v F_2$.

2. Pour une fonction donnée f, l'inégalité (4.4) a lieu pour toutes les fonctions F_1 et F_2 telles que $F_1 \leq_v F_2$ uniquement si f est une fonction convexe et non décroissante.

3. Si $F_1 \leq_v F_2$ et leurs moyennes existent et sont égales, alors l'inégalité (4.4) est vérifiée pour toute fonction convexe f donnée.

Corollaire 4.2. Pour deux variables aléatoires X et Y non négatives telles que $X \leq_v Y$ on a

$$E(X^r) \leq E(Y^r), \ (r \geq 1),$$

lorsque les espérances existent.

En général, pour des variables aléatoires X et Y telles que

$$E(X) = E(Y), \ \text{et} \ X \leq_v Y,$$

alors,

$$E(X^r) \leq E(Y^r), \ (r = 2, 4, 6, ...).$$

Il est intéressant de remarquer que pour deux variables aléatoires telles que X et Y sont non négatives et $X \leq_v Y$, alors l'égalité $E(X^r) = E(Y^r)$ pour tout $r \geq 1$ implique l'égalité $X =_{st} Y$.

En effet

$$E(X^r) = \int_0^{+\infty} rx^{r-1}(1 - F(x))dx = \int_0^{+\infty} r(r-1)x^{r-2}dx \int_x^{+\infty} (1 - F(y))dy.$$

Cette propriété est l'analogue de la propriété suivante pour l'ordre stochastique

$$X \leq_{st} Y \ \text{et} \ E(X) = E(Y) \Rightarrow X =_{st} Y.$$

Proposition 4.3. Supposons que les suites de variables aléatoires X_n et Y_n convergent faiblement vers X et Y (respectivement).

Si

$$E(X_+) \ \text{et} \ E(Y_+) \ \text{sont finis,}$$

Chapitre 4 : Généralités sur la théorie des inégalités stochastiques

$$E((X_n)_+) \longrightarrow E(X_+) \quad \text{quand} \quad n \longrightarrow +\infty,$$
$$E((Y_n)_+) \longrightarrow E(Y_+) \quad \text{quand} \quad n \longrightarrow +\infty,$$

et si $X_n \leq_v Y_n$, alors

$$X \leq_v Y.$$

4.1.3 Ordre concave

Définition 4.6. On dit que la variable aléatoire X de fonction de répartition F est inférieure en moyenne de vie écoulée à la variable aléatoire Y de fonction de répartition G, c'est-à-dire, $X \leq_{cv} Y$ (ce qui est équivalent à $F \leq_{cv} G$), lorsque :

$$E((x-X)_+) = \int_{-\infty}^{x}(x-t)dF(t) = \int_{-\infty}^{x} F(t)dt$$
$$\geq \int_{-\infty}^{x} G(t)dt = E((x-Y)_+), \ \forall x \in \mathbb{R}, \tag{4.5}$$

où les espérances mathématiques (les intégrales) sont bien définies.

Par conséquent, si

$$F \leq_{st} G \ \text{et} \ E(X) = E(\max(0,-X)) < \infty, \ \text{alors} \ X \leq_{cv} Y.$$

Remarquons que l'ordre concave "$\leq_{cv}$" est un ordre partiel sur le sous ensemble de $\mathcal{D}$ des fonctions vérifiant $\int_{-\infty}^{0}|t|dF(t) < \infty$ comme dans le cas de l'ordre convexe.
On observe d'après (4.5) que l'inégalité $X \leq_{cv} Y$ est équivalente à $-Y \leq_v -X$.
Si on a l'égalité $E(X) = E(Y)$, alors l'inégalité $X \leq_{cv} Y$ est équivalente à $Y \leq_v X$.

Notons par $\Re_{cv}(\mathbb{R})$, la classe des fonctions concaves et non-décroissantes.

Théorème 4.3. 1. L'inégalité

$$\int_{-\infty}^{+\infty} f(t)dF(t) \leq \int_{-\infty}^{+\infty} f(t)dG(t), \tag{4.6}$$

est vérifiée pour toute fonction $f \in \Re_{cv}(\mathbb{R})$ pour laquelle les intégrales sont bien définies si et seulement si

$$F \leq_{cv} G.$$

Chapitre 4 : Généralités sur la théorie des inégalités stochastiques   68

2. Pour une fonction f donnée, l'inégalité (4.6) a lieu pour toutes les fonctions F et G telles que $F \leq_{cv} G$ seulement si f est concave et non décroissante.

3. Si $F \leq_{cv} G$ et leurs moyennes existent et sont égales alors, l'inégalité (4.6) est vérifiée pour toute fonction concave f donnée.

4.1.4 Ordre en transformée de Laplace

Transformée de Laplace

Lorsque la variable aléatoire X est du type continu, sa distribution peut être caractérisée par la transformée de Laplace de la densité $f(x)$:

$$\hat{f}(x) = E(e^{-sX}) = \int_0^\infty f(x)e^{-sx}dx,$$

où s est une variable complexe. Cette intégrale est définie au moins pour $Re(s) \geq 0$. La transformée de Laplace est notée aussi $L[f(x)]$.

Propriétés

- Si X et Y sont indépendantes, la transformée de Laplace de $X + Y$ est le produit des transformées de Laplace de X et de Y,
- $L[f'(x)] = s\hat{f}(s) - f(0)$,
- $L[f''(x)] = s^2\hat{f}(s) - sf(0) - f'(0)$,
- $L[\int_0^x f(u)du] = \dfrac{\hat{f}(s)}{s}$,
- Si $F(x)$ est la fonction de répartition de X et si $R(x) = 1 - F(x)$ alors

$$\lim_{s \to 0} \hat{R}(s) = \int_0^\infty R(x)dx.$$

Définition 4.7. Pour deux variables aléatoires non négatives X et Y de fonctions de répartition F et G (respectivement), F est dite inférieure par rapport à l'ordre laplacien à G, et on note $F \leq_L G$, si pour tout s positif on a l'inégalité suivante

$$E(\exp(-sX)) = \int_0^{+\infty} \exp(-sX)dF(x) \geq \int_0^{+\infty} \exp(-sX)dG(x) = E(\exp(-sY)).$$

Il est clair que l'ordre en transformée de Laplace est réflexif, transitif et antisymétrique.

Théorème 4.4. Soit une fonction f strictement monotone, alors $F \leq_L G$ implique

$$\int_0^{+\infty} f(t)dF(t) \leq \int_0^{+\infty} f(t)dG(t).$$

Chapitre 4 : Généralités sur la théorie des inégalités stochastiques　　　　　　　　　　　69

Corollaire 4.3.　1. Pour deux variables aléatoires X et Y non négatives, de fonctions de répartition F et G respectivement, telles que $F \leq_L G$ alors, on a l'inégalité suivante :

$$\frac{1 - E(\exp(-sX))}{s} \leq \frac{1 - E(\exp(-sY))}{s}, \quad \forall s > 0.$$

2. Lorsqu'on fait tendre s vers 0, on obtient le résultat suivant :

$$F \leq_L G \Rightarrow E(X) \leq E(Y),$$

lorsque les espérances existent.

Le résultat qui suit donne une caractérisation de l'ordre en transformée de Laplace.

Théorème 4.5. Soient X et Y deux variables aléatoires quelconques de fonctions de répartition F et G respectivement, alors :

$$F \leq_L G \Leftrightarrow E(f(x)) \leq E(f(y)),$$

pour toute fonction f strictement monotone, telle que les espérances existent.

4.1.5　Ordre en fonctions génératrices

Soient X et Y deux variables aléatoires non négatives discrètes de fonctions de répartition F et G respectivement. On dit que X est inférieure à Y par rapport à l'ordre en fonctions génératrices, et on note $F \leq_g G$, si et seulement si :

$$E(z^X) \geq E(z^Y),$$

où,

$$E(z^X) = \sum_{n=0}^{+\infty} P(X = n) z^n \text{ et } E(z^Y) = \sum_{n=0}^{+\infty} P(Y = n) z^n, \ |z| < 1.$$

Cet ordre peut-être déduit de l'ordre laplacien en posant $s = -\ln z$.

4.1.6　Relations entre les ordres partiels

Soient X et Y deux variables aléatoires de fonctions de répartition F et G respectivement. Alors, on a les relations suivantes :

- Si $F \leq_{st} G$ et $E(Y_+) < \infty \Rightarrow F \leq_v G$.
- Si $E(X) = E(\max(0, -x)) < \infty \Rightarrow F \leq_{cv} G$.
- Si $E(X) = E(Y)$, alors $F \leq_{cv} G \Leftrightarrow G \leq_v F$.

- $F \leq_{st} G \Rightarrow F \leq_L G \Rightarrow F \leq_g G.$
- $F \leq_{cv} G \Rightarrow F \leq_L G \Rightarrow F \leq_g G.$
- Si $E(X) = E(Y)$ et $F \leq_v G \Rightarrow G \leq_L F \Rightarrow G \leq_g F.$
- $F \leq_L G \Rightarrow F \leq_g G.$

4.2 Modèles stochastiques et monotonie

4.2.1 Modèles stochastiques

La modélisation est la représentation d'un système réel par un modèle mathématique. On parle de modèle stochastique lorsque les influences aléatoires sont prises en considération. Cette prise en compte du hasard et ses effets permet une meilleure compréhension des phénomènes réels et la résolution efficace de problèmes complexes. Plusieurs disciplines de la recherche opérationnelle reposent sur les probabilités et leurs applications. En particulier, les théories de files d'attente, de fiabilité et de gestion des stocks.

On distingue deux types de modèles stochastiques :

Modèles finis :

Ce sont des modèles dont le comportement peut être décrit par N variables aléatoires $X_1, ..., X_N$. Suivant la structure du modèle, les X_i peuvent désigner des quantités qui varient simultanément, l'une après l'autre ou d'une autre manière, et lorsqu'elles terminent toutes leurs variations, la vie du système se termine. Le problème général est de considérer les propriétés d'une variable aléatoire Z décrivant le comportement du système et ayant la forme

$$Z = \Phi(X_1, ..., X_N),$$

pour une application appropriée Φ.

Exemple 4.1. En fiabilité :

X_i : durée de vie du $i^{\text{ème}}$ élément.

Z : durée de vie du système.

On prend par exemple :

$Z = \min(X_1, ..., X_n)$ pour la durée de vie d'un système en série, et

$Z = \max(X_1, ..., X_n)$ pour la durée de vie d'un système en parallèle.

Chapitre 4 : Généralités sur la théorie des inégalités stochastiques 71

Modèles récursifs :

Soit une séquence infinie de variables aléatoires $(X_n)_{n\geq 1}$ décrivant les influences aléatoires sur le système aux instants t_n (déterministes ou aléatoires), avec $t_n < t_{n+1}$, pour tout $n \in \mathbb{N}^*$. L'état du système à l'instant t_{n+1} est décrit par une variable aléatoire Z_{n+1} donnée par la formule récursive suivante :

$$Z_{n+1} = \Phi_n(Z_n, X_n),$$

où les Φ_n sont des applications appropriées.

Exemple 4.2.   1. En files d'attente :
X_n = ($n^{\text{ème}}$ inter-arrivées, $n^{\text{ème}}$ durée de service), et
Z_n = temps d'attente du $n^{\text{ème}}$ client.

2. En gestion des stocks :
X_n = demande(s) durant la $n^{\text{ème}}$ période, et
Z_n = le volume du stock au début de la $n^{\text{ème}}$ période.

4.2.2 Propriétés de monotonie

Étudier mathématiquement les modèles stochastiques, c'est d'obtenir des estimations des quantités qui, pour un modèle Σ donné, avec une structure spécifique et des distributions F_i des X_i, ..., décrivent son comportement.
Soit c_Σ une caractéristique dans Σ et soit C_Σ l'ensemble des valeurs possibles de c_Σ.
Pour une structure donnée et une distribution initiale U, c_Σ dépend uniquement des F_i, et on écrit

$$c_\Sigma = c_\Sigma(F_1, F_2, ...) \in C_\Sigma.$$

Pour des modèles simples, on peut déduire une expression explicite de c_Σ. Cependant, dans plusieurs situations, cela n'est pas possible et les calculs mathématiques peuvent mener à des formules compliquées qui ne peuvent pas être exploitées en pratique.
De telles circonstances nous suggèrent de rechercher les propriétés qualitatives de c_Σ par rapport aux F_i, i.e, la manière avec laquelle c_Σ est affectée par les changements en F_i. Parmi les propriétés qualitatives importantes des modèles stochastiques on trouve la monotonie (i.e, si les F_i croissent dans un certain sens, alors c_Σ croît aussi).

Monotonie interne :

Soit Σ un modèle stochastique constitué de distributions paramétriques $(U, F_1, F_2, ...) \equiv (U, F)$, où U est la distribution initiale.
On note par c_Σ les indices de performance du système Σ.

Par exemple, pour un système de files d'attente Σ, c_Σ peut-être le temps moyen d'attente virtuel à l'instant t, ou la distribution de probabilité du nombre de clients dans le système à l'instant t, ou bien ses mesures de performance seront calculées à une suite d'instants $(t_n)_{n \in \mathbb{N}^*}$ (déterministe ou aléatoire).

D'une manière plus précise on peut exprimer c_Σ comme suit :

$$c_\Sigma(t) = c_\Sigma(t, U, \{F_i\}), \text{ ou bien}$$
$$c_\Sigma(t_n) = c_\Sigma(n) = c_\Sigma(n, U, \{F_i\}).$$

On note par $\prec$ l'ordre partiel défini sur C_Σ.

Définition 4.8. L'indice de performance $c_\Sigma(.)$ est non décroissant (resp. non croissant) par rapport à la distribution initiale U si pour tout $t < u$, on a :

$$t < u \Rightarrow c_\Sigma(t) \prec c_\Sigma(u) \text{ (resp. } c_\Sigma(t) \succ c_\Sigma(u)), \tag{4.7}$$

ou bien pour les entiers $m < n$:

$$m < n \Rightarrow c_\Sigma(m) \prec c_\Sigma(n) \text{ (resp. } c_\Sigma(m) \succ c_\Sigma(n)).$$

Cette propriété est appelée monotonie interne. D'autres appellations sont utilisées telles que, monotonie temporelle ou intrinsèque. Celles-ci découlent du fait que cette monotonie ne dépend en aucun cas des distributions paramétriques $\{F_i\}$, mais seulement peut-être de la distribution initiale.

Monotonie externe :

On note par $\mathcal{D}_k$ l'ensemble des distributions F_k partiellement ordonnées par l'ordre " $<_k$ " (qui est l'ordre de la $k^{\text{ème}}$ distribution paramétrique), et soit " $<_c$ " l'ordre partiel défini sur C_Σ.

Définition 4.9. L'indice de performance c_Σ est non décroissant sur $\mathcal{D}_k$ par rapport à l'ordre $<_k$ si pour tout F et G dans $\mathcal{D}_k$ et toute autre distribution paramétrique constante, on a :

$$F <_k G \Rightarrow c_\Sigma(F_1, ..., F_{k-1}, F, F_{k+1}, ...) <_c (F_1, ..., F_{k-1}, G, F_{k+1}...).$$

Cette propriété est appelée monotonie externe.

Lorsqu'un système possède la propriété de monotonie externe, les indices de performance des modèles stochastiques, possédant la même structure avec des distributions paramétriques comparables mais différentes, sont comparables.

Chapitre 4 : Généralités sur la théorie des inégalités stochastiques   73

On peut interpréter la monotonie externe comme suit :

Soient Σ_1 et Σ_2 deux modèles stochastiques ayant la même structure et la même distribution initiale. On dira que ces modèles possèdent la propriété de monotonie externe lorsque pour deux distributions paramétriques F et G dans Σ_1 et Σ_2 respectivement, on a :

$$F \prec G \Rightarrow c_\Sigma(F) <_c c_\Sigma(G),$$

pour l'indice de performance c_Σ.

La monotonie externe est un outil d'une grande importance dans la construction des bornes pour les mesures de performance d'un système donné. Ainsi, la distribution paramétrique F_k peut être bornée par les distributions G_1 et G_2 appartenant à l'ensemble $\mathcal{D}_k$ pour lesquelles :

$$G_1 <_k F_k <_k G_2,$$

alors pour les mesures de performance correspondantes, on obtient :

$$c_\Sigma(G_1) <_k c_\Sigma(F) <_k c_\Sigma(G_2),$$

lorsque les systèmes ont la propriété de la monotonie externe.

4.3 Comparabilité et monotonie des processus markoviens homogènes

4.3.1 Opérateurs monotones et comparables

Soient $(\mathbb{E}, \mathbb{M})$ un espace probabilisable et $P_\mathbb{M}$ l'ensemble de toutes les mesures de probabilité définies sur $\mathbb{M}$. Soient aussi les opérateurs $\mathcal{T}$, $\mathcal{T}^{(1)}$ et $\mathcal{T}^{(2)}$ définis de $P_\mathbb{M}$ dans $P_\mathbb{M}$ et l'ordre partiel "$\prec$" défini sur $P_\mathbb{M}$.

Définition 4.10. Un opérateur $\mathcal{T}$ est dit $\prec$-monotone si pour toutes mesures de probabilités $p^{(1)}$, $p^{(2)}$ appartenant à $P_\mathbb{M}$ telles que $p^{(1)} \prec p^{(2)}$, on a

$$\mathcal{T} p^{(1)} \prec \mathcal{T} p^{(2)}.$$

L'opérateur $\mathcal{T}^{(1)}$ est inférieur à $\mathcal{T}^{(2)}$ si $\mathcal{T}^{(1)} p \prec \mathcal{T}^{(2)} p$ pour tout $p \in P_\mathbb{M}$ et on écrit,

$$\mathcal{T}^{(1)} \prec \mathcal{T}^{(2)}.$$

Pour des applications aux processus de Markov homogènes, on s'intéresse à la comparabilité des distributions $p_n^{(1)}$ et $p_n^{(2)}$ définies par

$$p_n^{(k)} = (\mathcal{T}^{(k)} p^{(k)})_n, \qquad k = 1, 2 \text{ et } n \in \mathbb{N}^*,$$

pour deux distributions initiales $p^{(k)}$ et les opérateurs $\mathcal{T}^{(k)}$, pour $k = 1, 2$.

Chapitre 4 : Généralités sur la théorie des inégalités stochastiques　　　　　　　　**74**

Théorème 4.6. Soient $\mathcal{T}^{(1)}$, $\mathcal{T}^{(2)}$ deux opérateurs définis sur $P_\mathbb{M}$ et $p^{(1)}$, $p^{(2)}$ deux mesures de probabilité définies sur $\mathbb{M}$, alors

$$p^{(1)} \prec p^{(2)} \quad \text{implique} \quad p_n^{(1)} \prec p_n^{(2)}, \quad \forall\, n \in \mathbb{N}^*,$$

s'il existe un opérateur $\mathcal{T}$ $\prec$-monotone défini sur $P_\mathbb{M}$ tel que

$$\mathcal{T}^{(1)} \prec \mathcal{T} \prec \mathcal{T}^{(2)}.$$

Remarquons que ce théorème reste vrai, en général, pour les opérateurs définis dans un espace partiellement ordonné.

À présent, on considère les opérateurs de transition d'une chaîne de Markov homogène $(X_n)_{n\geq 1}$ d'espace d'état $(\mathbb{E}, \mathbb{M})$. Les opérateurs de transition sont décrits par leurs fonctions de transition $p(x, \mathcal{B})$,

$$p(x, \mathcal{B}) = P(X_{n+1} \in \mathcal{B}/X_n = x), \quad x \in \mathbb{E} \text{ et } \mathcal{B} \in \mathbb{M},$$

ou bien, dans le cas où les processus sont à valeurs réelles, par leurs distributions de transition

$$p(x, y) = P(X_{n+1} < y/X_n = x), \quad x, y \in \mathbb{E} \subseteq \mathbb{R}.$$

Maintenant, on donne des conditions sur les fonctions de transition, qui assurent la monotonie ou la comparabilité des opérateurs de transition.

Théorème 4.7. Les opérateurs de transition $\mathcal{T}^{(1)}$ et $\mathcal{T}^{(2)}$ satisfont l'inégalité $\mathcal{T}^{(1)} \prec \mathcal{T}^{(2)}$ si et seulement si leurs fonctions $p^{(1)}$ et $p^{(2)}$ satisfont

$$p^{(1)}(x,.) \prec p^{(2)}(x,.), \quad \forall\, x \in \mathbb{E}.$$

4.3.2 Conditions de monotonie et de comparabilité

Pour l'étude de la monotonie et de la comparabilité des chaînes de Markov homogènes, on peut énoncer les deux théorèmes suivants qui constituent un outil important pour prouver la monotonie interne et/ou externe de ces modèles stochastiques.

Théorème 4.8. Une chaîne de Markov homogène $(X_n)_{n\geq 1}$, de fonction de transition p, est non décroissante (resp. non croissante) par rapport à l'ordre partiel " $\prec$ " si :

$$X_1 \prec X_2 \quad (\text{resp. } X_2 \prec X_1),$$

et si p est $\prec$-monotone.

Théorème 4.9. Deux chaînes de Markov homogènes $(X_n)_{n\geq 1}$ et $(Y_n)_{n\geq 1}$, de fonctions de transition $p^{(1)}$ et $p^{(2)}$ respectivement, satisfont l'inégalité :

$$X_n \prec Y_n, \quad \forall\, n \in \mathbb{N}^*,$$

si $X_1 \prec X_2$ et s'il existe une fonction de transition p $\prec$-monotone telle que :

$$p^{(1)}(x,.) \prec p(x,.) \prec p^{(2)}(x,.), \quad \forall x \in \mathbb{E}.$$

4.4 Distributions non-paramétriques

Les notions de vieillissement et de relations d'ordre entre variables aléatoires sont étroitement liées. Nous présentons les principaux ordres permettant de comparer des variables aléatoires puis les notions de vieillissement. Cette présentation sera cependant partielle car l'activité scientifique sur ces sujets est importante. Il est donc difficile de prétendre faire un exposé exhaustif. L'un des états de l'art les plus récents sur ce sujet est [10, 75], mais on peut citer aussi [74, 125, 138].

En théorie de fiabilité, les classes de distributions nous renseignent sur la notion de jeunesse ou de vieillesse du système du point de vue de sa durée de vie résiduelle connaissant son âge (propriété qualitative). La connaissance de la classe (d'âge) de la loi de fiabilité d'un équipement permet une aide à la décision.

Dans cette section, sont présentées aussi les principales classes de distributions de survie recensées dans la littérature de fiabilité ces dernières années.

Les distributions non-paramétriques ont été introduites pour l'étude de certains problèmes en relation avec la théorie de fiabilité. Elles permettent ainsi de modéliser et caractériser des propriétés qualitatives telles que le vieillissement et le rajeunissement du système.

Ces distributions sont utilisées actuellement dans divers domaines de la modélisation stochastique : analyse de survie (médecine), files d'attente, ordonnancement, théorie de décision, économie, gestion des stocks [113].

Définition 4.11. Soient X et X_τ des variables aléatoires représentant respectivement la durée de vie et la durée de vie résiduelle d'un élément, et soient F et F_τ leurs distributions respectives. On dit que F est :

- NBU (New Better than Used), si $F_\tau \leq_{st} F$, $(0 < \tau < \infty)$.
- NWU (New Worse than Used), si $F \leq_{st} F_\tau$, $(0 < \tau < \infty)$.

- $NBUE$ (New Better than Used in Expectation), si $E(X_\tau) \leq E(X)$, $(0 < \tau < \infty)$.
- $NWUE$ (New Worse than Used in Expectation), si $E(X) \leq E(X_\tau)$, $(0 < \tau < \infty)$.
- IFR (Increasing Failure Rate), si $F_y \leq_{st} F_x$, $(0 \leq x < y < \infty)$.
- $IFRA$ (Increasing Failure Rate in Average), si $(-1/t)\log(1 - F(t))$ croissante, $t \geq 0$.
- DFR (Decreasing Failure Rate), si $F_x \leq_{st} F_y$, $(0 \leq x < y < \infty)$.
- $DFRA$ (Decreasing Failure Rate in Average), si $(-1/t)\log(1-F(t))$ décroissante, $t \geq 0$.
- $IMRL$ (Increasing Mean Residual Life), si

$$E(X_\tau) = \frac{1}{1 - F(x)} \int_\tau^{+\infty} (1 - F(u))du, \quad \text{croissante} \quad (0 < \tau < \infty).$$

- $DMRL$ (Decreasing Mean Residual Life), si

$$E(X_\tau) = \frac{1}{1 - F(x)} \int_\tau^{+\infty} (1 - F(u))du, \quad \text{décroissante} \quad (0 < \tau < \infty).$$

Proposition 4.4. Soit la variable aléatoire X de fonction de répartition F ayant une moyenne finie m.

1. Si F est NBU (resp. NWU), alors :

$$F \leq_{st} \exp(\lambda), \quad (\text{resp.} \ F \geq_{st} \exp(\lambda)),$$

pour un certain $\lambda \leq m^{-1}$ (resp. $\lambda \geq m^{-1}$), avec la possibilité d'avoir une égalité seulement si $F = \exp(m^{-1})$.

2. Si F est $NBUE$ (resp. $NWUE$), alors

$$F \leq_v \exp(m^{-1}), \quad (\text{resp.} \ F \geq_v \exp(m^{-1})).$$

4.4.1 Relation avec les distributions paramétriques

- La loi d'Erlang E_k est IFR.
- La loi de Weibull $W(a)$, pour $a > 1$ (paramètre de la forme), est IFR.
- La loi de Weibull $W(a)$, pour $a \leq 1$, est DFR.
- La loi Gamma $\Gamma(a)$, avec $0 \leq a < 1$, est DFR.
- La loi exponentielle est à la fois IFR et DFR.
- La distribution Hyper-exponentielle H est DFR.

4.4.2 Relation entre les classes de distributions non-paramétriques

La figure 4.1 illustre les relations d'implication existantes entre certaines classes de distributions non-paramétriques.

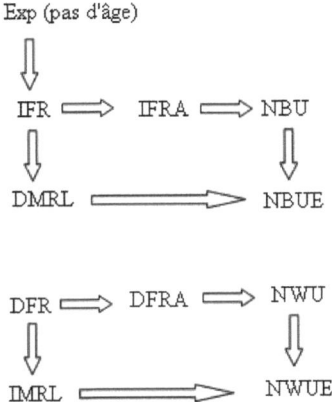

FIGURE 4.1 – Relations entre les classes de distributions d'âge

Conclusion

On a présenté quelques concepts de base de la théorie des ordres stochastiques et la monotonie des processus stochastiques. On a donné aussi les classes de distributions d'âge issues de la théorie de la fiabilité. La méthode de comparaison stochastique sera appliquée, dans le chapitre suivant, au modèle d'attente $M/G/1$ avec rappels constants et vacances du serveur.

5
Bornes stochastiques pour les systèmes d'attente avec rappels et vacances

Introduction

Les mesures de performance du système d'attente $M/G/1$ avec rappels constants et vacances du serveur sont disponibles sous des formes explicites mais complexes (elles contiennent des transformées de Laplace, des expressions intégrales). Elles ne sont donc pas faciles à interpréter en pratique. Pour pallier à ces difficultés, les méthodes de comparaison stochastique ont été introduites pour qu'on puisse avoir des estimations qualitatives de ces mesures en les bornant (en les majorant ou en les minorant) par des mesures de performance d'autres modèles plus simples.

L'objectif de ce chapitre est l'étude des conditions de comparabilité pour certaines mesures de performance d'un tel système, en utilisant la théorie générale des ordres stochastiques. Ce travail constitue une généralisation des travaux effectués par Khalil et Falin [86], pour le système d'attente $M/G/1$ avec rappels classiques.

La première section de ce chapitre, est consacrée aux résultats établis dans la littérature par Khalil et Falin [86]. Dans la deuxième section, on énonce trois lemmes qui vont permettre la comparaison des probabilités du nombre de clients arrivant durant une période de vacances de deux systèmes d'attente $M/G/1$ avec rappels constants et vacances du serveur, les conditions de la monotonie de l'opérateur de transition associé à la chaîne de Markov incluse et les conditions de comparabilité des distributions stationnaires. Ces derniers résultats sont présentés dans [40, 41, 42, 45]. Des graphes sont établis pour illustrer les résultats trouvés.

5.1 Inégalités stochastiques pour le système $M/G/1$ avec rappels classiques

On considère un système de files d'attente $M/G/1$ avec rappels (étudié dans le chapitre 1, section 1.6). On énonce les résultats établis par Khalil et Falin [86] qui ont utilisé la théorie générale des ordres partiels pour l'étude des propriétés de monotonie du système relativement aux ordres : stochastique "$\leq_{st}$", laplacien "$\leq_L$" et convexe "$\leq_v$".
On introduit les notations suivantes :
Soient Σ_1 et Σ_2 deux modèles d'attente $M/G/1$ avec rappels classiques de paramètres (respectivement, pour $i = 1, 2$) :
$\lambda^{(i)}$: taux d'arrivées dans Σ_i.
$\mu^{(i)}$: taux de rappels dans Σ_i.
$B^{(i)}(x)$: distribution du temps de service dans Σ_i.
$K_n^{(i)}$: le nombre de nouvelles arrivées durant le service du $n^{\text{ème}}$ client dans Σ_i.
$\pi_n^{(i)}$: la distribution stationnaire du nombre de clients dans le système Σ_i.

Le lemme suivant permet la comparaison des distributions de probabilité du nombre de nouvelles arrivées pendant une période de service des deux modèles $M/G/1$ avec rappels classiques.

Lemme 5.1.

Si $\lambda^{(1)} \leq \lambda^{(2)}$ et $B^{(1)} \leq_{so} B^{(2)}$ alors $\{K_n^{(1)}\} \leq_{so} \{K_n^{(2)}\}$, où $so = (st, v, \text{ ou } L)$,

où

$$K_n^{(i)} = \int_0^{+\infty} \frac{(\lambda^{(i)}t)^n}{n!} e^{-\lambda^{(i)}t} dB^{(i)}(t), \ i = 1, 2.$$

5.1.1 Monotonie de la chaîne de Markov induite

Les probabilités de transition en un pas de la chaîne de Markov induite du modèle d'attente $M/G/1$ avec rappels classiques sont données par la formule suivante :

$$p_{nm} = \frac{\lambda}{\lambda + n\mu} K_{m-n} + \frac{n\mu}{\lambda + n\mu} K_{m-n+1}.$$

Chapitre 5 : Bornes stochastiques pour les systèmes d'attente avec rappels et vacances 80

Soit l'opérateur de transition $\mathcal{T}$ de la chaîne de Markov incluse, tel que pour toute distribution $p = (p_n)_{n \geq 0}$, on associe une distribution $\mathcal{T}p = q = (q_m)_{m \geq 0}$ tel que $q_m = \sum_{n \geq 0} p_n p_{nm}$.

Théorème 5.1. L'opérateur $\mathcal{T}$ est monotone par rapport aux ordres stochastique et convexe. C'est-à-dire, pour deux distributions quelconques $p^{(1)}$ et $p^{(2)}$, l'inégalité $p^{(1)} \leq_{st} p^{(2)}$ (respectivement $p^{(1)} \leq_v p^{(2)}$) implique l'inégalité suivante : $\mathcal{T}p^{(1)} \leq_{st} \mathcal{T}p^{(2)}$ (respectivement $\mathcal{T}p^{(1)} \leq_v \mathcal{T}p^{(2)}$).

En particulier, ce théorème implique que si à l'instant $t = 0$, le système est vide alors le nombre de clients dans le système aux instants de départ forme une suite croissante par rapport aux ordres partiels cités dans le théorème 5.1.

Maintenant, on suppose qu'on a deux systèmes d'attente $M/G/1$ avec rappels classiques de paramètres $\lambda^{(1)}$, $\mu^{(1)}$, $B^{(1)}(x)$ et $\lambda^{(2)}$, $\mu^{(2)}$, $B^{(2)}(x)$ respectivement. Notons par $\mathcal{T}^{(1)}$, $\mathcal{T}^{(2)}$ les opérateurs de transition associés aux chaînes de Markov incluses de chaque système.

Le théorème suivant donne la condition sous laquelle l'opérateur de transition $\mathcal{T}$ est monotone par rapport aux ordres stochastique et convexe.

Théorème 5.2.

Si $\lambda^{(1)} \leq \lambda^{(2)}$, $\mu^{(1)} \geq \mu^{(2)}$, et $B^{(1)} \leq_{so} B^{(2)}$ alors $\mathcal{T}^{(1)} \leq_{so} \mathcal{T}^{(2)}$,

c'est-à-dire que pour une distribution quelconque p on a $\mathcal{T}^{(1)}p \leq_{so} \mathcal{T}^{(2)}p$, où $(so = st$ ou $v)$.

5.1.2 Inégalités stochastiques des distributions stationnaires

On donne les conditions sur les paramètres de deux modèles d'attente $M/G/1$ avec rappels classiques, sous lesquelles les distributions stationnaires du nombre de clients dans les deux systèmes sont comparables.

Théorème 5.3. On suppose qu'on a deux systèmes de files d'attente avec rappels calssiques ayant les paramètres $\lambda^{(1)}$, $\mu^{(1)}$, $B^{(1)}(x)$ et $\lambda^{(2)}$, $\mu^{(2)}$, $B^{(2)}(x)$ respectivement, et soient $\pi_n^{(1)}$, $\pi_n^{(2)}$ les distributions stationnaires correspondantes, du nombre de clients dans le système, alors les inégalités

$$\lambda^{(1)} \leq \lambda^{(2)}, \quad \mu^{(1)} \geq \mu^{(2)}, \quad \text{et } B^{(1)} \leq_{so} B^{(2)} \text{ impliquent l'inégalité suivante } \pi_n^{(1)} \leq_{so} \pi_n^{(2)},$$

où $(so = st$ ou $v)$.

Théorème 5.4. Si dans le modèle $M/G/1$ avec rappels classiques, la distribution du temps de service $B(x)$ est $NBUE$ (ou bien $NWUE$), alors la distribution stationnaire du nombre de clients dans le système est inférieure (respectivement supérieure), par rapport à l'ordre convexe, à la distribution binomiale négative dont l'expression est donnée par :

$$p_{1j} = \frac{\rho^{j+1}}{j!\mu^j} \prod_{i=1}^{j}(\lambda + i\mu)(1-\rho)^{\frac{\lambda}{\mu}+1}.$$

5.1.3 Inégalités pour le nombre moyen de clients servis durant la période d'activité

On donne des estimations qualitatives en termes de majoration du nombre moyen de clients servis durant la période d'activité pour le modèle $M/G/1$ avec rappels classiques.

Théorème 5.5. Supposons qu'on a deux systèmes $M/G/1$ avec rappels classiques de paramètres $\lambda^{(1)}$, $\mu^{(1)}$, $B^{(1)}(x)$ et $\lambda^{(2)}$, $\mu^{(2)}$, $B^{(2)}(x)$ respectivement. Soient $I^{(1)}$ et $I^{(2)}$ le nombre de clients servis durant une période d'activité dans ces systèmes d'attente.
Si $\lambda^{(1)} \leq \lambda^{(2)}$, $\mu^{(1)} \geq \mu^{(2)}$, et $B^{(1)} \leq_L B^{(2)}$, alors on a l'inégalité suivante $E(I^{(1)}) \leq E(I^{(2)})$.

Remarque 5.1. [66]
L'expression du nombre moyen de clients servis durant la période d'activité pour le système $M/G/1$ avec rappels classiques est donnée par

$$E(I) = \frac{1}{1-\rho} \exp\left\{\frac{\lambda}{\mu} \int_0^1 \frac{1-K(t)}{K(t)-t} dt\right\}.$$

Théorème 5.6. Pour un système de files d'attente $M/G/1$ avec rappels classiques, une estimation qualitative (en termes d'une majoration) du nombre moyen de clients servis durant la période d'activité est donnée par :

$$E(I) \leq \frac{1}{1-\rho} \exp\left\{\frac{\lambda}{\mu} \int_0^1 \frac{1-\exp(\rho(t-1))}{\exp(\rho(t-1))-t} dt\right\}.$$

Si $B(x)$ est $NBUE$, alors $E(I) \geq (1-\rho)^{-\frac{\lambda}{\mu}-1}$.

5.2 Inégalités stochastiques pour le modèle d'attente $M/G/1$ avec rappels constants et vacances

On considère un système de files d'attente $M/G/1$ avec rappels constants et vacances du serveur (étudié dans le Chapitre 2, Section 2.3).

Chapitre 5 : Bornes stochastiques pour les systèmes d'attente avec rappels et vacances 82

Dans cette étude, on utilise les mêmes notations introduites dans la section 5.1. De plus, on introduit les nouveaux paramètres suivants, liés aux vacances, respectivement dans les deux modèles d'attente $M/G/1$ avec rappels constants et vacances du serveur Σ_1 et Σ_2 :
- $V^{(i)}(x)$: distribution de temps de vacances dans Σ_i,
- $f_n^{(i)}$: probabilité du nombre de clients arrivant durant une période de vacance dans Σ_i,
- $v^{(i)}$ taux de vacances dans Σ_i.

5.2.1 Inégalités préliminaires

On compare, dans cette section, les probabilités du nombre de clients arrivant durant une période de vacances de deux systèmes d'attente $M/G/1$ avec rappels constants et vacances du serveur $\{f_n^{(i)}, \ i = 1, 2 \ \text{et} \ n \in \mathbb{N}\}$, suivant les ordres partiels : stochastique, convexe et en transformée de Laplace.

Les lemmes suivants donnent les conditions, sur les paramètres des deux systèmes, sous lesquelles ces probabilités sont comparables aux sens des ordres cités ci-dessus :

Lemme 5.2. Soient Σ_1 et Σ_2 deux systèmes d'attente $M/G/1$ avec rappels constants et vacances du serveur,

$$\text{si} \quad \lambda^{(1)} \leq \lambda^{(2)} \quad \text{et} \quad V^{(1)} \leq_{st} V^{(2)} \quad \text{alors} \quad \{f_n^{(1)}\} \leq_{st} \{f_n^{(2)}\},$$

où,

$$f_n^{(i)} = P(X = n) = \int_0^{+\infty} \frac{(\lambda^{(i)} t)^n}{n!} e^{-\lambda^{(i)} t} dV^{(i)}(t), \quad i = 1, 2.$$

Preuve. Supposons que $\lambda^{(1)} \leq \lambda^{(2)}$ et $V^{(1)} \leq_{st} V^{(2)}$.
Par définition de l'ordre stochastique $\leq_{st}$, on a pour une loi discrète, les équivalences suivantes :

$$\{f_n^{(1)}\} \leq_{st} \{f_n^{(2)}\} \ \Leftrightarrow \ \bar{f}_n^{(1)} = \sum_{m=n}^{+\infty} f_m^{(1)} \leq \sum_{m=n}^{+\infty} f_m^{(2)} = \bar{f}_n^{(2)}$$

$$\Leftrightarrow \ \sum_{m=n}^{+\infty} \int_0^{+\infty} \frac{(\lambda^{(1)} x)^m}{m!} \exp\{-\lambda^{(1)} x\} dV^{(1)}(x)$$

$$= \int_0^{+\infty} \sum_{m=n}^{+\infty} \frac{(\lambda^{(1)} x)^m}{m!} \exp\{-\lambda^{(1)} x\} dV^{(1)}(x)$$

$$\leq \int_0^{+\infty} \sum_{m=n}^{+\infty} \frac{(\lambda^{(2)} x)^m}{m!} \exp\{-\lambda^{(2)} x\} dV^{(2)}(x). \tag{5.1}$$

Chapitre 5 : Bornes stochastiques pour les systèmes d'attente avec rappels et vacances 83

Pour prouver l'inégalité numérique (5.1), on considère la fonction

$$g_n(x,\ \lambda) = \sum_{m=n}^{+\infty} \frac{(\lambda x)^m}{m!} \exp\{-\lambda x\}.$$

En prenant sa dérivée par rapport à x, on obtient l'expression positive suivante :

$$\frac{\partial}{\partial x} g_n(x,\ \lambda) = \lambda \frac{(\lambda x)^{n-1}}{(n-1)!} \exp\{-\lambda x\} > 0.$$

Donc $g_n(x,\ \lambda)$ est une fonction croissante en x.
En effet,

$$\begin{aligned}
\frac{\partial}{\partial x} g_n(x,\ \lambda) &= \sum_{m=n}^{+\infty} [m\lambda \frac{(\lambda x)^{m-1}}{m!} \exp\{-\lambda x\} - \lambda \frac{(\lambda x)^m}{m!} \exp\{-\lambda x\}] \\
&= \sum_{m=n}^{+\infty} \lambda \frac{(\lambda x)^{m-1}}{(m-1)!} \exp\{-\lambda x\} - \sum_{m=n}^{+\infty} \lambda \frac{(\lambda x)^m}{m!} \exp\{-\lambda x\} \\
&= \sum_{m=n+1}^{+\infty} \lambda \frac{(\lambda x)^{m-1}}{(m-1)!} \exp\{-\lambda x\} - \sum_{m=n}^{+\infty} \lambda \frac{(\lambda x)^m}{m!} \exp\{-\lambda x\} + \lambda \frac{(\lambda x)^{n-1}}{(n-1)!} \exp\{-\lambda x\} \\
&= \lambda \frac{(\lambda x)^{n-1}}{(n-1)!} \exp\{-\lambda x\} > 0,\ \forall\ x \geq 0.
\end{aligned}$$

La dérivée par rapport à λ s'écrit comme suit :

$$\frac{\partial}{\partial \lambda} g_n(x,\ \lambda) = x \exp\{-\lambda x\} \frac{(\lambda x)^{n-1}}{(n-1)!} > 0.$$

On remarque que la dérivée est positive pour toutes les valeurs positives que peut prendre le paramètre λ. Alors, la fonction $g_n(x,\ \lambda)$ est croissante par rapport aux valeurs du paramètre λ.
En effet,

$$\begin{aligned}
\frac{\partial}{\partial \lambda} g_n(x,\ \lambda) &= \sum_{m=n}^{+\infty} mx \frac{(\lambda x)^{m-1}}{m!} \exp\{-\lambda x\} - \sum_{m=n}^{+\infty} x \frac{(\lambda x)^m}{m!} \exp\{-\lambda x\} \\
&= x \frac{(\lambda x)^{n-1}}{(n-1)!} \exp\{-\lambda x\} + \sum_{m=n+1}^{+\infty} x \frac{(\lambda x)^{m-1}}{(m-1)!} \exp\{-\lambda x\} - \sum_{m=n}^{+\infty} x \frac{(\lambda x)^m}{m!} \exp\{-\lambda x\} \\
&= x \frac{(\lambda x)^{n-1}}{(n-1)!} \exp\{-\lambda x\} > 0.
\end{aligned}$$

Comme $g_n(x,\ \lambda)$ est une fonction croissante en x et $V^{(1)} \leq_{st} V^{(2)}$, alors d'après le théorème 4.1 énoncé dans le chapitre 4, l'inégalité suivante est vérifiée :

$$\int_0^{+\infty} g_n(x,\ \lambda^{(1)}) dV^{(1)}(x) \leq \int_0^{+\infty} g_n(x,\ \lambda^{(1)}) dV^{(2)}(x). \tag{5.2}$$

Chapitre 5 : Bornes stochastiques pour les systèmes d'attente avec rappels et vacances 84

D'autre part, puisque la fonction $g_n(x, \lambda)$ est monotone par rapport à λ et que $\lambda^{(1)} \leq \lambda^{(2)}$, on a

$$\int_0^{+\infty} g_n(x, \lambda^{(1)}) dV^{(2)}(x) \leq \int_0^{+\infty} g_n(x, \lambda^{(2)}) dV^{(2)}(x). \tag{5.3}$$

Par conséquent, des inégalités (5.2) et (5.3), l'inégalité (5.1) est vérifiée par transitivité.

Illustration graphique : La figure 5.1 donne une comparaison des distributions $\{f_n^{(i)}\}, i = 1, 2$ en fonction de n (le nombre de clients arrivants dans le système) par rapport à l'ordre stochastique dans Σ_i, pour différentes valeurs des paramètres $\lambda^{(i)}$, $v^{(i)}$.

(a) $\lambda^{(1)} = 0.25$, $v^{(1)} = 0.75$ et $\lambda^{(2)} = 0.75$, $v^{(2)} = 0.25$.

(b) $\lambda^{(1)} = 0.6$, $v^{(1)} = 0.4$ et $\lambda^{(2)} = 0.8$, $v^{(2)} = 0.2$.

(c) $\lambda^{(1)} = 0.9$, $v^{(1)} = 0.99$ et $\lambda^{(2)} = 0.95$, $v^{(2)} = 0.85$.

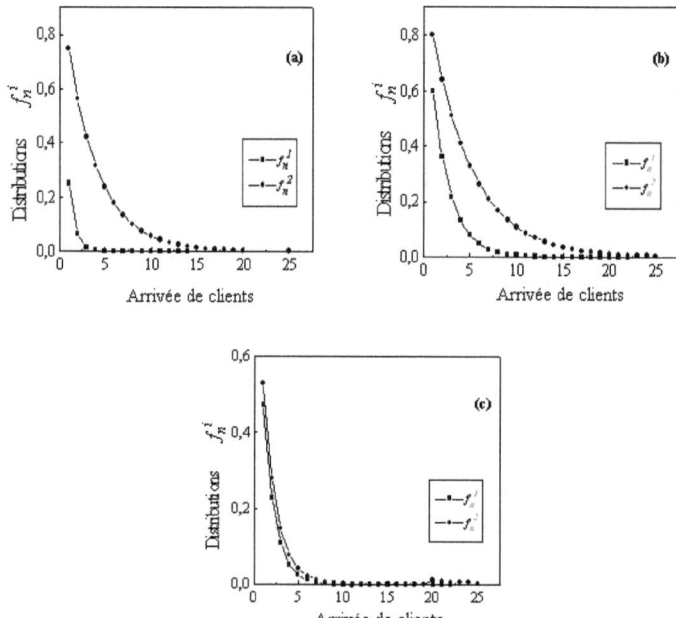

FIGURE 5.1 – Comparaison des distributions $\{f_n^{(i)}\}, i = 1, 2$, par rapport à l'ordre stochastique, pour différentes valeurs des paramètres dans Σ_i

Lemme 5.3. Soient Σ_1 et Σ_2 deux systèmes d'attente $M/G/1$ avec rappels constants et vacances du serveur,

$$\text{si } \lambda^{(1)} \leq \lambda^{(2)} \text{ et } V^{(1)} \leq_v V^{(2)} \text{ alors } \{f_n^{(1)}\} \leq_v \{f_n^{(2)}\}.$$

Preuve. Par définition de l'ordre convexe $\leq_v$ on a :

$$\{f_n^{(1)}\} \leq_v \{f_n^{(2)}\} \Leftrightarrow \bar{\bar{f}}_n^{(1)} = \sum_{m=n}^{+\infty} \bar{f}_m^{(1)} \leq \sum_{m=n}^{+\infty} \bar{f}_m^{(2)} = \bar{\bar{f}}_n^{(2)}$$

$$\Leftrightarrow \int_0^{+\infty} \sum_{m=n}^{+\infty} \sum_{k=m}^{+\infty} \frac{(\lambda^{(1)}x)^k}{k!} \exp\{-\lambda^{(1)}x\} dV^{(1)}(x)$$

$$\leq \int_0^{+\infty} \sum_{m=n}^{+\infty} \sum_{k=m}^{+\infty} \frac{(\lambda^{(2)}x)^k}{k!} \exp\{-\lambda^{(2)}x\} dV^{(2)}(x)$$

$$\Leftrightarrow \int_0^{+\infty} \sum_{m=n}^{+\infty} g_m(x, \lambda^{(1)}) dV^{(1)}(x) \leq \int_0^{+\infty} \sum_{m=n}^{+\infty} g_m(x, \lambda^{(2)}) dV^{(2)}(x), \quad (5.4)$$

avec,

$$g_m(x, \lambda^{(i)}) = \sum_{k=m}^{+\infty} \frac{(\lambda^{(i)}x)^k}{k!} \exp\{-\lambda^{(i)}x\}.$$

Les fonctions $g_m(x, \lambda)$ sont croissantes par rapport à λ, alors la fonction définie par : $\bar{g}_n(x, \lambda) = \sum_{m=n}^{+\infty} g_m(x, \lambda)$ l'est aussi. D'autre part, on a

$$\frac{\partial^2}{\partial x^2} \bar{g}_n(x, \lambda) = \lambda \frac{\partial}{\partial x} g_{n-1}(x, \lambda) = \lambda^2 \left(\frac{(\lambda x)^{n-2}}{(n-2)!}\right) \exp\{-\lambda x\} > 0.$$

Par conséquent, $\bar{g}_n(x, \lambda)$ est croissante et convexe par rapport à la variable x. D'après le théorème 4.2, on obtient l'inégalité suivante :

$$\int_0^{+\infty} \bar{g}_n(x, \lambda^{(1)}) dV^{(1)}(x) \leq \int_0^{+\infty} \bar{g}_n(x, \lambda^{(1)}) dV^{(2)}(x). \quad (5.5)$$

Et on obtient, grâce à la monotonie de la fonction $\bar{g}_n(x, \lambda)$ par rapport à λ, l'inégalité :

$$\int_0^{+\infty} \bar{g}_n(x, \lambda^{(1)}) dV^{(2)}(x) \leq \int_0^{+\infty} \bar{g}_n(x, \lambda^{(2)}) dV^{(2)}(x). \quad (5.6)$$

Finalement, l'inégalité (5.4) est vérifiée par transitivité des inégalités (5.5) et (5.6).

Illustration graphique : La figure 5.2 donne une comparaison des distributions $\{f_n^{(i)}\}$ en fonction de n (le nombre de clients arrivants dans le système) par rapport à l'ordre convexe dans $\Sigma_i, i = 1, 2$, pour différentes valeurs des paramètres $\lambda^{(i)}, v^{(i)}$.

(a) $\lambda^{(1)} = 0.91, v^{(1)} = 0.1$ et $\lambda^{(2)} = 1, v^{(2)} = 0.1$.
(b) $\lambda^{(1)} = 0.7, v^{(1)} = 0.2$ et $\lambda^{(2)} = 0.9, v^{(2)} = 0.1$.
(c) $\lambda^{(1)} = 0.8, v^{(1)} = 0.9$ et $\lambda^{(2)} = 0.8, v^{(2)} = 0.61$.
(d) $\lambda^{(1)} = 0.07, v^{(1)} = 0.02$ et $\lambda^{(2)} = 0.09, v^{(2)} = 0.01$.

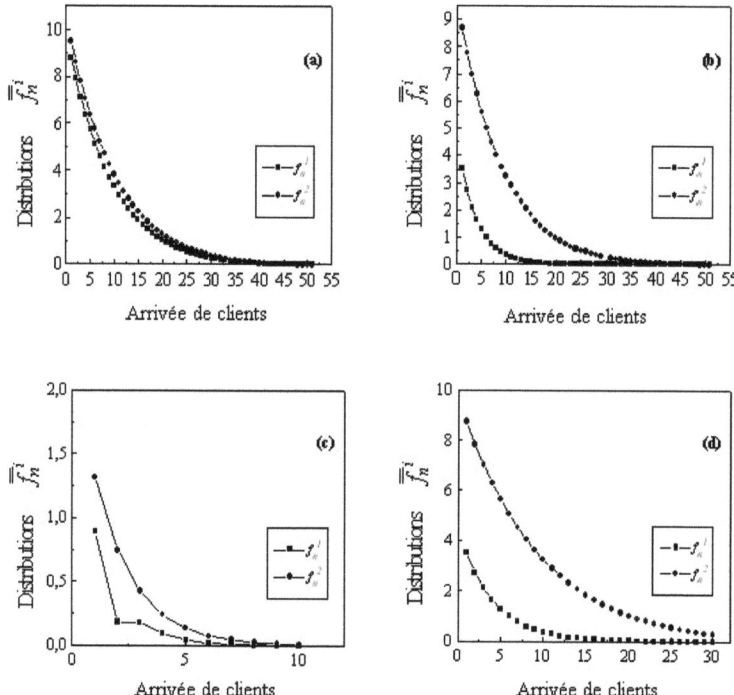

FIGURE 5.2 – Comparaison des distributions $\{\overline{\overline{f}}_n^{(i)}\}, i = 1, 2$, par rapport à l'ordre convexe, pour différentes valeurs des paramètres dans Σ_i

Lemme 5.4. Soient Σ_1 et Σ_2 deux systèmes d'attente $M/G/1$ avec rappels constants et vacances du serveur,

$$\text{si} \quad \lambda^{(1)} \leq \lambda^{(2)} \quad \text{et} \quad V^{(1)} \leq_L V^{(2)} \quad \text{alors} \quad \{f_n^{(1)}\} \leq_L \{f_n^{(2)}\}.$$

Chapitre 5 : Bornes stochastiques pour les systèmes d'attente avec rappels et vacances 87

Preuve. Pour prouver que l'inégalité $\{f_n^{(1)}\} \leq_L \{f_n^{(2)}\}$ a lieu, il suffit d'établir l'inégalité suivante, pour les fonctions génératrices correspondantes

$$f^{(1)}(z) \geq f^{(2)}(z),$$

ce qui est équivalent à montrer que

$$\widetilde{V}^{(1)}(\lambda^{(1)}(1-z)) \geq \widetilde{V}^{(2)}(\lambda^{(2)}(1-z)),$$

c'est-à-dire montrer l'équivalence suivante :

$$\{f_n^{(1)}\} \leq_L \{f_n^{(2)}\} \Leftrightarrow \widetilde{V}^{(1)}(\lambda^{(1)}(1-z)) \geq \widetilde{V}^{(2)}(\lambda^{(2)}(1-z)). \tag{5.7}$$

Par définition, on a :

$$\begin{aligned}
f(z) = \sum_{n\geq 0} f_n z^n &= \sum_{n\geq 0} \int_0^{+\infty} \frac{(\lambda x)^n}{n!} \exp\{-\lambda x\} z^n dV(x) \\
&= \int_0^{+\infty} \sum_{n\geq 0} \frac{(\lambda x z)^n}{n!} \exp\{-\lambda x\} dV(x) \\
&= \int_0^{+\infty} \exp\{-\lambda x(1-z)\} dV(x) = \widetilde{V}(\lambda(1-z)).
\end{aligned}$$

De plus,

$$V^{(1)} \leq_L V^{(2)} \Rightarrow \widetilde{V}^{(1)}(s) \leq \widetilde{V}^{(2)}(s), \ \forall s \geq 0.$$

En particulier pour $s = \lambda^{(1)}(1-z)$, on a :

$$\widetilde{V}^{(1)}(\lambda^{(1)}(1-z)) \geq \widetilde{V}^{(1)}(\lambda^{(1)}(1-z)). \tag{5.8}$$

Puisque toute transformée de Laplace est une fonction décroissante, l'inégalité $\lambda^{(1)} \leq \lambda^{(2)}$ implique l'inégalité suivante :

$$\widetilde{V}^{(2)}(\lambda^{(1)}(1-z)) \geq \widetilde{V}^{(2)}(\lambda^{(2)}(1-z)). \tag{5.9}$$

Par conséquent, l'inégalité (5.7) découle des inégalités (5.8) et (5.9).

5.2.2 Monotonie de la chaîne de Markov incluse

Les probabilités de transition en un pas de la chaîne de Markov incluse pour le système $M/G/1$ avec rappels constants et vacances sont données par la formule suivante :

$$p_{n,m} = \begin{cases} f_m, & \text{si } n = 0, \\ \frac{\theta}{\lambda+\theta} k_{m-n+1}, & \text{si } m = n-1 \text{ et } n \geq 1, \\ \frac{\lambda}{\lambda+\theta} k_{m-n} + \frac{\theta}{\lambda+\theta} k_{m-n+1}, & \text{si } m \geq n \geq 1, \\ 0, & \text{sinon.} \end{cases} \tag{5.10}$$

Chapitre 5 : Bornes stochastiques pour les systèmes d'attente avec rappels et vacances 88

Soit l'opérateur de transition $\mathcal{T}$ de la chaîne de Markov incluse. Pour chaque distribution $p = (p_n)_{n \geq 0}$, on associe une distribution $\mathcal{T}_p = q = (q_m)_{m \geq 0}$ telle que

$$q_m = \sum_{n \geq 0} p_n p_{nm}.$$

Les deux théorèmes suivants donnent la condition sous laquelle l'opérateur de transition $\mathcal{T}$ est monotone par rapport aux ordres stochastique et convexe.

Théorème 5.7. Si l'inégalité $V \leq_{st} B$ a lieu, alors l'opérateur de transition $\mathcal{T}$ est monotone, par rapport à l'ordre stochastique. C'est-à-dire, pour deux distributions quelconques $p^{(1)}$ et $p^{(2)}$, l'inégalité $p^{(1)} \leq_{st} p^{(2)}$ implique la suivante : $\mathcal{T}p^{(1)} \leq_{st} \mathcal{T}p^{(2)}$.

Preuve. Un opérateur est monotone par rapport à l'ordre stochastique si et seulement si on a l'inégalité suivante :

$$\bar{p}_{n-1\,m} \leq \bar{p}_{nm}, \quad \forall\, n,\, m, \tag{5.11}$$

avec,

$$\begin{aligned}
\bar{p}_{nm} = \sum_{k=m}^{+\infty} p_{nk} &= \sum_{k=m}^{+\infty} \left[\frac{\lambda}{\lambda+\mu} K_{k-n} + \frac{\mu}{\lambda+\mu} K_{k-n+1} \right] \\
&= \frac{\lambda}{\lambda+\mu} \overline{K}_{m-n} + \frac{\mu}{\lambda+\mu} \overline{K}_{m-n+1} \\
&= \overline{K}_{m-n} - \frac{\mu}{\lambda+\mu} K_{m-n} \\
&= \overline{K}_{m-n+1} + \frac{\lambda}{\lambda+\mu} K_{m-n},
\end{aligned}$$

et,

$$\bar{p}_{n-1\,m} = \overline{K}_{m-n+1} - \frac{\mu}{\lambda+\mu} K_{m-n+1}.$$

Dans le cas où $n \geq 2$, on a :

$$\begin{aligned}
\bar{p}_{nm} - \bar{p}_{n-1\,m} &= \overline{K}_{m-n+1} + \frac{\lambda}{\lambda+\mu} K_{m-n} - \overline{K}_{m-n+1} + \frac{\mu}{\lambda+\mu} K_{m-n+1} \\
&= \frac{\lambda}{\lambda+\mu} K_{m-n} + \frac{\mu}{\lambda+\mu} K_{m-n+1} \geq 0.
\end{aligned}$$

Ainsi, l'inégalité (5.11) est vérifiée pour tout $n \geq 2$.
Il reste à vérifier le cas où $n = 1$, c'est-à-dire l'étude de l'inégalité suivante :

$$\bar{p}_{0m} \leq \bar{p}_{1m}. \tag{5.12}$$

On a,

$$\bar{p}_{0m} = \sum_{k=m}^{+\infty} p_{0k} = \sum_{k=m}^{+\infty} f_k = \bar{f}_m,$$

Chapitre 5 : Bornes stochastiques pour les systèmes d'attente avec rappels et vacances

et,

$$\bar{p}_{1m} = \sum_{k=m}^{+\infty} p_{1k} = \frac{\lambda}{\lambda+\mu} \sum_{k=m}^{+\infty} K_{k-1} + \frac{\mu}{\lambda+\mu} \sum_{k=m}^{+\infty} K_k$$

$$= \frac{\lambda}{\lambda+\mu} \overline{K}_{m-1} + \frac{\mu}{\lambda+\mu} \overline{K}_m$$

$$= \frac{\lambda}{\lambda+\mu} \left[K_{m-1} + \overline{K}_m\right] + \frac{\mu}{\lambda+\mu} \overline{K}_m$$

$$= \frac{\lambda}{\lambda+\mu} K_{m-1} + \overline{K}_m.$$

Avec,

$$\overline{K}_{m-1} = K_{m-1} + \overline{K}_m.$$

Pour vérifier l'inégalité (5.12), il suffit de montrer que la différence $\bar{p}_{1m} - \bar{p}_{0m}$ est positive.
On a,

$$\bar{p}_{1m} - \bar{p}_{0m} = \overline{K}_m - \bar{f}_m + \frac{\lambda}{\lambda+\mu} K_{m-1}.$$

Il est clair que si $\bar{f}_m \leq \overline{K}_m$, alors on aura forcément $\bar{p}_{0m} \leq \bar{p}_{1m}$.
On a les équivalences suivantes :

$$\bar{f}_m \leq \overline{K}_m \Leftrightarrow \sum_{k=m}^{+\infty} f_k \leq \sum_{k=m}^{+\infty} K_k$$

$$\Leftrightarrow \int_0^{+\infty} \sum_{k=m}^{+\infty} \frac{(\lambda x)^k}{k!} \exp\{-\lambda x\} dV(x) \leq \int_0^{+\infty} \sum_{k=m}^{+\infty} \frac{(\lambda x)^k}{k!} \exp\{-\lambda x\} dB(x)$$

$$\Leftrightarrow \int_0^{+\infty} g_m(x, \lambda) \, dV(x) \leq \int_0^{+\infty} g_m(x, \lambda) \, dB(x).$$

Puisque la fonction $g_m(x, \lambda) = \sum_{k=m}^{+\infty} \frac{(\lambda x)^k}{k!} \exp\{-\lambda x\}$ est croissante en x et par hypothèse on a l'inégalité $V \leq_{st} B$, alors l'inégalité (5.12) a lieu en vertu du théorème 4.1, énoncé dans le chapitre 4.
En conclusion l'opérateur $\mathcal{T}$ est monotone par rapport à l'ordre stochastique.

Illustration graphique : La figure 5.3 donne une comparaison des distributions $\bar{f}_n$ et $\overline{K}_n$ en fonction de n par rapport à l'ordre stochastique dans Σ ($M/G/1$ avec rappels constants et vacances du serveur), pour différentes valeurs des paramètres λ, v et θ.

(a) $\lambda < 10$, $v = 0.92$ et $\theta = 0.4$.
(b) $\lambda > 10$, $v = 0.8$ et $\theta = 0.6$.

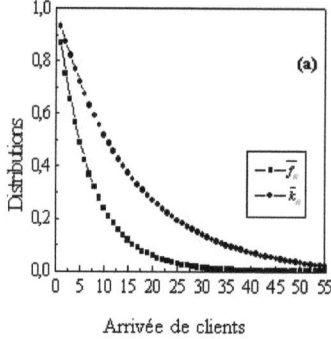 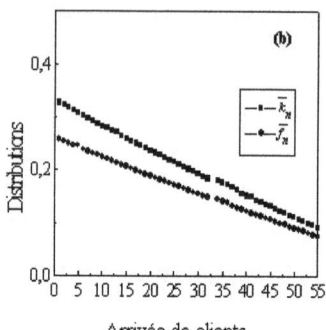

FIGURE 5.3 – Comparaison des distributions $\bar{\bar{f}}_n$ et $\bar{K}_n$ par rapport à l'ordre stochastique

Remarque 5.2. En particulier, si les deux distributions V et B possèdent la même loi de probabilité, c'est-à-dire, $B =_{st} V$, alors l'opérateur de transition est aussi monotone.

Théorème 5.8. Si l'inégalité $V \geq_v B$ a lieu, alors l'opérateur de transition $\mathcal{T}$ est monotone, par rapport à l'ordre convexe. C'est-à-dire, pour deux distributions quelconques $p^{(1)}$ et $p^{(2)}$, l'inégalité $p^{(1)} \leq_v p^{(2)}$ implique la suivante : $\mathcal{T}p^{(1)} \leq_v \mathcal{T}p^{(2)}$.

Preuve. L'opérateur $\mathcal{T}$ est monotone par rapport à l'ordre convexe si et seulement si :

$$2\bar{\bar{p}}_{nm} \leq \bar{\bar{p}}_{n-1m} + \bar{\bar{p}}_{n+1m}, \quad \forall\, n,\, m, \tag{5.13}$$

où,

$$\begin{aligned}
\bar{\bar{p}}_{nm} = \sum_{k=m}^{+\infty} \bar{p}_{nk} &= \frac{\lambda}{\lambda+\mu}\overline{\overline{K}}_{m-n} + \frac{\mu}{\lambda+\mu}\overline{\overline{K}}_{m-n+1} \\
&= \frac{\lambda}{\lambda+\mu}\overline{\overline{K}}_{m-n} + \frac{\mu}{\lambda+\mu}\left[\overline{\overline{K}}_{m-n} - \overline{K}_{m-n}\right] \\
&= \overline{\overline{K}}_{m-n} + \overline{\overline{K}}_{m-n+1} - \frac{\mu}{\lambda+\mu}\overline{K}_{m-n} \\
&= \overline{\overline{K}}_{m-n+1} + \frac{\lambda}{\lambda+\mu}\overline{K}_{m-n}.
\end{aligned}$$

Dans le cas où $n \geq 2$, on a :

$$\begin{aligned}
\bar{\bar{p}}_{n-1m} + \bar{\bar{p}}_{n+1m} - 2\bar{\bar{p}}_{nm} &= \overline{\overline{K}}_{m-n+1} - \frac{\mu}{\lambda+\mu}\overline{K}_{m-n+1} + \frac{\lambda}{\lambda+\mu}\overline{K}_{m-n-1} + \overline{\overline{K}}_{m-n} \\
&\quad + \frac{\mu}{\lambda+\mu}\overline{K}_{m-n} - \overline{\overline{K}}_{m-n} - \overline{\overline{K}}_{m-n+1} - \frac{\lambda}{\lambda+\mu}\overline{K}_{m-n} \\
&= \frac{\mu}{\lambda+\mu}\overline{K}_{m-n} + \frac{\mu}{\lambda+\mu}\overline{K}_{m-n+1} + \frac{\lambda}{\lambda+\mu}\overline{K}_{m-n-1} \geq 0.
\end{aligned}$$

Chapitre 5 : Bornes stochastiques pour les systèmes d'attente avec rappels et vacances

Alors l'inégalité (5.13) est vérifiée pour tout $n \geq 2$.

Maintenant, il reste à vérifier le cas où $n = 1$, cela revient à montrer l'inégalité suivante :

$$\bar{\bar{p}}_{0m} + \bar{\bar{p}}_{2m} - 2\bar{\bar{p}}_{1m} \geq 0, \tag{5.14}$$

avec,

$$\begin{aligned}
\bar{\bar{p}}_{0m} &= \bar{\bar{f}}_m, \\
\bar{\bar{p}}_{1m} &= \overline{\overline{K}}_m + \frac{\lambda}{\lambda + \mu}\overline{\overline{K}}_{m-1}, \\
\bar{\bar{p}}_{2m} &= \frac{\lambda}{\lambda + \mu}\overline{\overline{K}}_{m-2} + \overline{\overline{K}}_{m-1}.
\end{aligned}$$

Alors, on peut écrire après calcul :

$$\bar{\bar{p}}_{0m} + \bar{\bar{p}}_{2m} - 2\bar{\bar{p}}_{1m} = \bar{\bar{f}}_m - \overline{\overline{K}}_m + \frac{\mu}{\lambda + \mu}\overline{\overline{K}}_{m-1} + \frac{\lambda}{\lambda + \mu}\overline{\overline{K}}_{m-2} \geq 0.$$

Il est clair qu'il est suffisant d'avoir $\bar{\bar{f}}_m - \overline{\overline{K}}_m \geq 0$, pour cela, on peut écrire l'équivalence suivante :

$$\begin{aligned}
\overline{\overline{K}}_m \leq \bar{\bar{f}}_m &\Leftrightarrow \int_0^{+\infty} \sum_{n=m}^{+\infty} \sum_{k=n}^{+\infty} \frac{(\lambda x)^k}{k!} \exp\{-\lambda x\} dB(x) \leq \int_0^{+\infty} \sum_{n=m}^{+\infty} \sum_{k=n}^{+\infty} \frac{(\lambda x)^k}{k!} \exp\{-\lambda x\} dV(x) \\
&= \int_0^{+\infty} \bar{h}_m(\lambda,\ x) dB(x) \leq \int_0^{+\infty} \bar{h}_m(\lambda,\ x) dV(x),
\end{aligned}$$

avec,

$$\bar{h}_m(\lambda,\ x) = \sum_{n=m}^{+\infty} \left[\sum_{k=n}^{+\infty} \frac{(\lambda x)^k}{k!} \exp\{-\lambda x\} \right] = \sum_{n=m}^{+\infty} h_n(\lambda,\ x),$$

est une fonction croissante et convexe (voir la preuve du lemme 5.3). Par conséquent, puisqu'on a l'inégalité $V \geq_v B$, alors l'inégalité (5.14) est vérifiée en vertu du théorème 4.2, énoncé dans le chapitre 4.

En conclusion, l'opérateur $\mathcal{T}$ est monotone par rapport à l'ordre convexe.

Illustration graphique : La figure 5.4 donne une comparaison des distributions $\bar{\bar{f}}_n$ et $\overline{\overline{K}}_n$ en fonction de n par rapport à l'ordre convexe dans Σ (i.e, le modèle $M/G/1$ avec rappels constants et vacances du serveur), pour différentes valeurs des paramètres λ, v et θ.

(a) $\lambda < 10$, $v = 0.1$ et $\theta = 0.4$.
(b) $\lambda > 10$, $v = 0.5$ et $\theta = 0.7$.

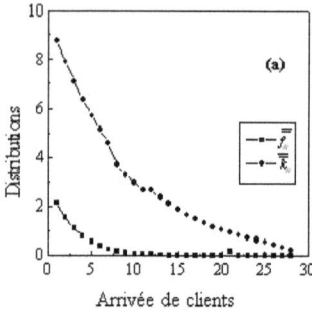 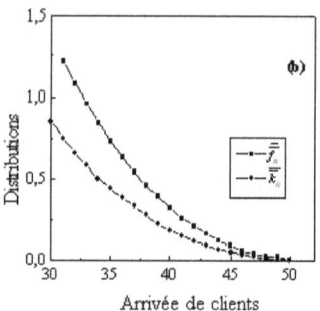

FIGURE 5.4 – Comparaison des distributions $\bar{\bar{f}}_n$ et $\bar{K}_n$ par rapport à l'ordre convexe, pour différentes valeurs des paramètres

Remarque 5.3. En particulier, si V et B possèdent la même distribution au sens de l'ordre convexe, c'est-à-dire, $B =_v V$, alors $\mathcal{T}$ est aussi monotone.

Maintenant, on considère Σ_1 et Σ_2 deux modèles d'attente $M/G/1$ avec rappels constants et vacances du serveur, de paramètres $\lambda^{(1)}$, $\mu^{(1)}$, $B^{(1)}(x)$, $V^{(1)}(x)$ et $\lambda^{(2)}$, $\mu^{(2)}$, $B^{(2)}(x)$, $V^{(2)}(x)$ respectivement. Notons par $\mathcal{T}^{(1)}$, $\mathcal{T}^{(2)}$ les opérateurs de transition associés aux chaînes de Markov incluses de chaque système.

Les deux théorèmes suivants donnent les conditions de comparabilité de ces opérateurs par rapport aux ordres partiels : stochastique et convexe.

Théorème 5.9. Soient Σ_1 et Σ_2 deux systèmes d'attente $M/G/1$ avec rappels constants et vacances,

si $\lambda^{(1)} \leq \lambda^{(2)}$, $\mu^{(1)} \geq \mu^{(2)}$, $B^{(1)} \leq_{st} B^{(2)}$ et $V^{(1)} \leq_{st} V^{(2)}$ alors $\mathcal{T}^{(1)} \leq_{st} \mathcal{T}^{(2)}$,

c'est-à-dire que pour une distribution quelconque p on a $\mathcal{T}^{(1)} p \leq_{st} \mathcal{T}^{(2)} p$.

Preuve. D'après le théorème 4.7, nous devons vérifier les inégalités suivantes pour l'ordre stochastique,

$$\begin{aligned} \bar{p}^{(1)}_{nm} &\leq \bar{p}^{(2)}_{nm}, & \forall\, n \geq 1, \\ \bar{p}^{(1)}_{0m} &\leq \bar{p}^{(2)}_{0m}. \end{aligned}$$

Ce qui revient à montrer :

Chapitre 5 : Bornes stochastiques pour les systèmes d'attente avec rappels et vacances 93

$$\frac{\lambda^{(1)}}{\lambda^{(1)} + \mu^{(1)}} \overline{K}_{m-n}^{(1)} + \frac{\mu^{(1)}}{\lambda^{(1)} + \mu^{(1)}} \overline{K}_{m-n+1}^{(1)}$$
$$\leq \frac{\lambda^{(2)}}{\lambda^{(2)} + \mu^{(2)}} \overline{K}_{m-n}^{(2)} + \frac{\mu^{(2)}}{\lambda^{(2)} + \mu^{(2)}} \overline{K}_{m-n+1}^{(2)}, \quad (5.15)$$

et,
$$\bar{f}_m^{(1)} \leq \bar{f}_m^{(1)}. \quad (5.16)$$

L'inégalité (5.16) est vérifiée d'après le lemme 5.2.

D'autre part on a :

$$\text{si } \lambda^{(1)} \leq \lambda^{(2)} \text{ et } \mu^{(1)} \geq \mu^{(2)} \text{ alors } \frac{\lambda^{(1)}}{\mu^{(1)}} \leq \frac{\lambda^{(2)}}{\mu^{(2)}}.$$

Du fait que la fonction $x \to \dfrac{x}{x+n}$ est croissante par rapport à x, alors on a l'inégalité suivante :

$$\frac{\lambda^{(1)}}{\lambda^{(1)} + \mu^{(1)}} \leq \frac{\lambda^{(2)}}{\lambda^{(2)} + \mu^{(2)}}.$$

Par la suite,

$$\begin{aligned}
\bar{p}_{nm}^{(1)} &= \frac{\lambda^{(1)}}{\lambda^{(1)} + \mu^{(1)}} \overline{K}_{m-n}^{(1)} + \frac{\mu^{(1)}}{\lambda^{(1)} + \mu^{(1)}} \overline{K}_{m-n+1}^{(1)} \\
&= \overline{K}_{m-n+1}^{(1)} + \frac{\lambda^{(1)}}{\lambda^{(1)} + \mu^{(1)}} K_{m-n}^{(1)} \\
&\leq \overline{K}_{m-n+1}^{(1)} + \frac{\lambda^{(2)}}{\lambda^{(2)} + \mu^{(2)}} K_{m-n}^{(1)} \\
&= \frac{\lambda^{(2)}}{\lambda^{(2)} + \mu^{(2)}} \overline{K}_{m-n}^{(1)} + \frac{\mu^{(2)}}{\lambda^{(2)} + \mu^{(2)}} \overline{K}_{m-n+1}^{(1)} \\
&\leq \frac{\lambda^{(2)}}{\lambda^{(2)} + \mu^{(2)}} \overline{K}_{m-n}^{(2)} + \frac{\mu^{(2)}}{\lambda^{(2)} + \mu^{(2)}} \overline{K}_{m-n+1}^{(2)} = \bar{p}_{nm}^{(2)}.
\end{aligned}$$

Ainsi, l'inégalité (5.15) est vérifiée.

Théorème 5.10.

Si $\lambda^{(1)} \leq \lambda^{(2)}$, $\mu^{(1)} \geq \mu^{(2)}$, $B^{(1)} \leq_v B^{(2)}$ et $V^{(1)} \leq_v V^{(2)}$ alors $\mathcal{T}^{(1)} \leq_v \mathcal{T}^{(2)}$,

c'est-à-dire que pour une distribution quelconque p, on a $\mathcal{T}^{(1)}p \leq_v \mathcal{T}^{(2)}p$.

Preuve. D'après le théorème 4.7, nous établirons les probabilités de transition en un pas $p_{nm}^{(1)}$ et $p_{nm}^{(2)}$, qui vérifient les inégalités suivantes :

$$\begin{aligned}
\bar{\bar{p}}_{nm}^{(1)} &\leq \bar{\bar{p}}_{nm}^{(2)}, \qquad \forall\, n \geq 1, \\
\bar{\bar{p}}_{0m}^{(1)} &\leq \bar{\bar{p}}_{0m}^{(2)}.
\end{aligned}$$

Chapitre 5 : Bornes stochastiques pour les systèmes d'attente avec rappels et vacances 94

Ce qui est équivalent à démontrer :

$$\frac{\lambda^{(1)}}{\lambda^{(1)}+\mu^{(1)}}\overline{\overline{K}}^{(1)}_{m-n} + \frac{\mu^{(1)}}{\lambda^{(1)}+\mu^{(1)}}\overline{\overline{K}}^{(1)}_{m-n+1}$$
$$\leq \frac{\lambda^{(2)}}{\lambda^{(2)}+\mu^{(2)}}\overline{\overline{K}}^{(2)}_{m-n} + \frac{\mu^{(2)}}{\lambda^{(2)}+\mu^{(2)}}\overline{\overline{K}}^{(2)}_{m-n+1}, \quad (5.17)$$

et,

$$\overline{\overline{f}}^{(1)}_m \leq \overline{\overline{f}}^{(1)}_m. \quad (5.18)$$

L'inégalité (5.18) est vérifiée d'après le lemme 5.3.
Par la suite, il reste à montrer l'inégalité (5.17),

$$\begin{aligned}
\overline{\overline{p}}^{(1)}_{nm} &= \frac{\lambda^{(1)}}{\lambda^{(1)}+\mu^{(1)}}\overline{\overline{K}}^{(1)}_{m-n} + \frac{\mu^{(1)}}{\lambda^{(1)}+\mu^{(1)}}\overline{\overline{K}}^{(1)}_{m-n+1} \\
&= \overline{\overline{K}}^{(1)}_{m-n+1} + \frac{\lambda^{(1)}}{\lambda^{(1)}+\mu^{(1)}}\overline{\overline{K}}^{(1)}_{m-n} \\
&\leq \overline{\overline{K}}^{(1)}_{m-n+1} + \frac{\lambda^{(2)}}{\lambda^{(2)}+\mu^{(2)}}\overline{\overline{K}}^{(1)}_{m-n} \\
&= \frac{\lambda^{(2)}}{\lambda^{(2)}+\mu^{(2)}}\overline{\overline{K}}^{(1)}_{m-n} + \frac{\mu^{(2)}}{\lambda^{(2)}+\mu^{(2)}}\overline{\overline{K}}^{(1)}_{m-n+1} \\
&\leq \frac{\lambda^{(2)}}{\lambda^{(2)}+\mu^{(2)}}\overline{\overline{K}}^{(2)}_{m-n} + \frac{\mu^{(2)}}{\lambda^{(2)}+\mu^{(2)}}\overline{\overline{K}}^{(2)}_{m-n+1} = \overline{\overline{p}}^{(2)}_{nm}.
\end{aligned}$$

5.2.3 Inégalités stochastiques des distributions stationnaires du nombre de clients dans le système

Les deux théorèmes suivants donnent les conditions de comparabilité des distributions stationnaires du nombre de clients, pour deux systèmes de files d'attente $M/G/1$ avec rappels constants et vacances du serveur, par rapport aux ordres partiels : stochastique et convexe.

Théorème 5.11. On considère Σ_1, Σ_2 deux systèmes de files d'attente $M/G/1$ avec rappels constants et vacances ayant les paramètres $\lambda^{(1)}$, $\mu^{(1)}$, $B^{(1)}(x)$, $V^{(1)}(x)$ et $\lambda^{(2)}$, $\mu^{(2)}$, $B^{(2)}(x)$, $V^{(2)}(x)$ respectivement, et soient $\pi^{(1)}_{(i,n)}$, $\pi^{(2)}_{(i,n)}$, pour $i \in \{1,2\}$ les distributions stationnaires du nombre de clients dans chaque système, alors si les inégalités suivantes ont lieu

$$\lambda^{(1)} \leq \lambda^{(2)}, \ \mu^{(1)} \geq \mu^{(2)}, \ B^{(1)} \leq_{so} B^{(2)}, \ V^{(1)} \leq_{so} V^{(2)} \text{ et } V^{(2)} \leq_{st} B^{(2)} \ (\text{resp. } B^{(2)} \leq_v V^{(2)}),$$

on a aussi les inégalités suivantes sur les distributions stationnaires

$$\{\pi^{(1)}_{(i,n)}\} \leq_{so} \{\pi^{(2)}_{(i,n)}\}, \qquad \text{où } so = st \ (\text{ou } v).$$

Preuve. D'après le théorème 5.10, les inégalités $\lambda^{(1)} \leq \lambda^{(2)}$, $\theta^{(1)} \geq \theta^{(2)}$, $B^{(1)}(x) \leq_{so} B^{(2)}(x)$, $V^{(1)}(x) \leq_{so} V^{(2)}(x)$, impliquent $T^{(1)} \leq_{so} T^{(2)}$, c'est-à-dire, pour une distribution quelconque p on a l'inégalité suivante :

$$T^{(1)}p \leq_{so} T^{(2)}p. \tag{5.19}$$

Par hypothèse, on a $V^{(2)} \leq_{st} B^{(2)}$ (resp. $B^{(2)} \leq_{v} V^{(2)}$), alors d'après le théorème 5.8 (resp. le théorème 5.9), l'opérateur $\mathcal{T}^{(2)}$ associé à la chaîne de Markov incluse, du deuxième système, est monotone. C'est-à-dire, pour deux distributions quelconques $p_1^{(2)}$, $p_2^{(2)}$ telles que $p_1^{(2)} \leq_{so} p_2^{(2)}$, on a

$$T^{(2)}p_1^{(2)} \leq_{so} T^{(2)}p_2^{(2)}. \tag{5.20}$$

Cependant, de l'inégalité (5.19), on obtient

$$T^{(1)}p^{(1)} \leq_{so} T^{(2)}p^{(1)}. \tag{5.21}$$

Il existe une probabilité $p_1^{(2)}$ telle qu'on ait l'inégalité suivante

$$T^{(2)}p^{(1)} \leq_{so} T^{(2)}p_1^{(2)}. \tag{5.22}$$

En combinant les inégalités (5.20)-(5.22), on obtient le résultat suivant

$$T^{(1)}p^{(1)} \leq_{so} T^{(2)}p^{(2)}, \tag{5.23}$$

pour deux distributions quelconques $p^{(1)}$, $p^{(2)}$.

L'inégalité (5.23) peut être réécrite de la manière suivante

$$\begin{aligned} T^{(1)}p_n^{(1)} &= P(Z_k^{(1)} = (1,n)) = P(Z_k^{(1)} = (2,n)) \\ &\leq_{so} P(Z_k^{(2)} = (1,n)) = P(Z_k^{(2)} = (2,n)) = T^{(2)}p_n^{(2)}. \end{aligned}$$

Quand $k \longrightarrow \infty$, on a $\{\pi_{(i,n)}^{(1)}\} \leq_{so} \{\pi_{(i,n)}^{(2)}\}$, pour $i \in \{1, 2\}$.

Théorème 5.12. Si pour le modèle $M/G/1$ avec rappels constants et vacances, la distribution de temps de service est $NBUE$ (New Better than Used in Expectation) (respectivement $NWUE$-New Worse than Used in Expectation), et si de plus $V^{(1)} \leq_v V^{(2)}$, $B^* = B^{(2)} \leq_v V^{(2)}$, alors la distribution stationnaire du nombre de clients dans ce système est inférieure (respectivement supérieure), par rapport à l'ordre convexe, à la distribution stationnaire du nombre de clients dans le système $M/M/1$ avec rappels constants et vacances.

Chapitre 5 : Bornes stochastiques pour les systèmes d'attente avec rappels et vacances

Preuve. Considérons un système de files d'attente $M/M/1$ avec rappels constants et vacances du serveur avec les mêmes paramètres : taux d'arrivée λ, taux de rappels μ, temps moyen de service β_1, que le système $M/G/1$ avec rappels constants et vacances du serveur, mais avec un temps de service exponentiellement distribué de taux $\theta = \dfrac{1}{\beta_1}$.

$$B^*(x) = \begin{cases} 1 - e^{-\frac{x}{\beta_1}}, & \text{si } x \geq 0, \\ 0, & \text{si } x < 0. \end{cases}$$

D'après la proposition 4.4, Si $B(x)$ est $NBUE$ (respectivement $NWUE$), alors

$$B(x) \leq_v B^*(x), \quad (\text{respectivement } B(x) \geq_v B^*(x)).$$

Et comme $V^{(1)} \leq_v V^{(2)}$ et $B^* \leq_v V^{(2)}$, alors d'après le théorème 5.11, on déduit que la distribution stationnaire du nombre de clients dans le système $M/G/1$ avec rappels constants et vacances est inférieure (respectivement supérieure) à la distribution stationnaire du nombre de clients dans le système $M/M/1$ avec rappels constants et vacances.

Conclusion

Dans ce chapitre, on a trouvé des conditions pour lesquelles l'opérateur de transition de la chaîne de Markov incluse est monotone par rapport aux ordres stochastique et convexe. On a montré aussi que la distribution stationnaire du nombre de clients dans un système $M/G/1$ avec rappels constants et vacances du serveur, est majorée (respectivement minorée) par la distribution stationnaire du nombre de clients dans un système $M/M/1$ avec rappels constants et vacances, si la distribution des temps de service est $NBUE$ (respectivement $NWUE$).

Conclusion II

Les méthodes de comparaison stochastique et les lois non paramétriques nous permettent de comparer des systèmes complexes avec des systèmes plus simples à analyser, ce qui conduit à l'obtention de bornes (inférieure et supérieure) pour les caractéristiques de ces systèmes.

Premièrement, on a énoncé les résultats établis par Falin et Khalil [86], suivant les ordres partiels : stochastique, convexe et laplacien , qui ont permis d'avoir des estimations qualitatives en termes de majoration ou bien de minoration (suivant les distributions considérées) des mesures de performance d'un système de files d'attente $M/G/1$ avec rappels classiques :
(i) les distributions du nombre de nouvelles arrivées durant une période de service,
(ii) les distributions stationnaires du nombre de clients dans le système,
(iii) le nombre moyen de clients servis durant une période d'activité.

Deuxièmement, on a établi des conditions de comparabilité sur les paramètres d'un système de files d'attente $M/G/1$ avec rappels constants et vacances du serveur, qui assurent la monotonie de l'opérateur de transition associé à la chaîne de Markov incluse. On a aussi établi les conditions pour lesquelles les opérateurs de transition ainsi que les distributions stationnaires du nombre de clients, de deux chaînes de Markov incluses associées à deux systèmes $M/G/1$ avec rappels constants et vacances ayant la même structure mais avec des paramètres différents, sont comparables au sens des ordres stochastique et convexe.

Conclusion générale

La théorie analytique des systèmes d'attente avec rappels et vacances du serveur a une portée limitée en raison de la complexité des résultats connus. C'est pour cette raison que nous avons été amenés à considérer la première approche, à savoir la décomposition stochastique du modèle $M/G/1$ avec rappels classiques et vacances du serveur. Notons que, pour cela, nous avons d'abord retrouvé l'expression de la décomposition stochastique usuelle vérifiée dans la littérature pour une classe générale de systèmes d'attente avec rappels et vacances à un seul serveur. Nous avons établi ensuite les probabilités de transition, la condition d'ergodicité et les distributions stationnaires associées à ce modèle, en utilisant la technique de la chaîne de Markov induite. De plus, à l'aide d'une approche récursive basée sur la théorie des processus de Markov régénératifs, nous avons déterminé les fonctions génératrices des distributions limites associées à l'état du serveur, la distribution du nombre de clients dans le système et quelques autres mesures de performance.

Nous avons aussi étudié quelques problèmes de comparabilité pour l'analyse du système $M/G/1$ avec rappels constants et vacances du serveur en utilisant la méthode de comparaison stochastique. L'avantage de ce type de méthodes d'approximation réside dans le fait que des résultats explicites puissent être obtenus pour des situations relativement complexes où les méthodes numériques et les expériences de simulation constituaient souvent la seule alternative.

Certaines caractéristiques de ce modèle sont en fait connues, mais ici, on considère deux problèmes :

1. La monotonie de la chaîne de Markov induite.
2. La comparabilité des modèles de ce type, mais ayant des paramètres différents.

Concernant le premier problème, il s'avère que la chaîne de Markov induite n'est pas monotone en général. Ceci nous a permis d'obtenir les conditions qui assurent la monotonie de l'opérateur de transition associé à la chaîne de Markov induite.

Dans le second point, nous avons établi des conditions sous lesquelles les opérateurs de transition ainsi que les distributions stationnaires de deux chaînes de Markov incluses associées à deux systèmes $M/G/1$ avec rappels constants et vacances, ayant la même structure mais avec des paramètres différents, sont comparables au sens des ordres stochastique et convexe.

Parmi les perspectives de recherche, citons :

- Extension de ce travail en estimant d'autres mesures de performance, telles que le temps moyen d'attente, le nombre moyen de rappels par client, ..., ou bien, éventuellement , en utilisant d'autres ordres partiels (concave, en transformée de Laplace, ...).
- Analyse mathématique du modèle d'attente $M/G/1$ avec rappels linéaires, vacances et distribution générale du temps inter-rappels. L'analyse de ce type de modèles s'inspire de l'observation de phénomènes de rappels dans les systèmes informatiques, téléphoniques et les réseaux de télécommunication où les temps de rappels peuvent difficilement être modélisés par une distribution exponentielle.
- Étude de la validité de la propriété de décomposition stochastique pour un tel modèle.

Bibliographie

[1] AÏSSANI, A. (1988). On the $M/G/1/1$ queueing system with repeated orders and unreliable server. *Journal of Technology* **6,** 98–123.

[2] AÏSSANI, A. (1991). Influence des pannes des serveurs sur la distribution de nombre de clients en orbite et dans un système $M/G/1/0$ avec rappels. *Technologies Avancées* **2,** 23–38.

[3] AÏSSANI, A. (1994). A survey on retrial queueing models. *Actes des Journées Statistiques Appliquées,* U.S.T.H.B., Alger, 1–11.

[4] AÏSSANI, A. (1995). On retrial queues with breakdowns. *Blida Scientific Journal* **1,** 7–13.

[5] AÏSSANI, A. (1999). Comparing due-date-based performance measures for queueing models. *Belgian Journal of Operations Research Statistics and Computer Science* **39,** 55–74.

[6] AÏSSANI, A. (2000). An $M^X/G/1$ retrial queue with exhaustive vacations. *Journal of Statistics and Management Systems* **3 (3),** 270–286.

[7] AÏSSANI, A. (2003). An $M^X/G/1$ retrial queue with unreliable server and vacations. *Proceedings of the 10th International Conference on Analytical and Stochastic Modelling Techniques and Applications, ASMTA'03 (Ed. D. Al-Dabass), SCS-European Publishing House, Nothingham,* 175–180.

[8] AÏSSANI, A. (2008). Optimal control of an $M/G/1$ retrial queue with vacations. *Journal of Systems Science and Systems Engineering* **17 (4),** 487–502.

[9] AÏSSANI, D. (1988). *Evaluation des performances des systèmes informatiques.* Cours de Post-Graduation, Institut d'Informatique, U.S.T.H.B. Alger.

[10] AÏSSANI, D. AND AÏSSANI, A. (2005). *Méthodes statistiques en fiabilité.* Cours de Post-Graduation "Statistiques des Processus Aléatoires", Université de Constantine.

[11] AÏSSANI, D. AND KARTASHOV, N. V. (1983). Ergodicity and stability of Markov chains with respect to operator topology in the space of transition kernels. *Compte Rendu Academy of Sciences U.S.S.R, ser.* **A 11,** 3–5.

[12] ALEKSANDROV, A. M. (1974). A queueing system with repeated orders. *Engineering Cybernetics Review* **12 (3),** 1–4.

[13] ALTMAN, E. (2002). *Stochastic recursive equations with applications to queues with dependent vacations.* Technical report, Universided de Los Andes, Mérida, Venezula.

[14] AMADOR, J. AND ARTALEJO, J. R. (2009). The $M/G/1$ retrial queue : New descriptors of the customer's behavior. *Journal of Computational and Applied Mathematics* **223,** 15–26.

[15] ARTALEJO, J. R. (1992). A unified cost function for $M/G/1$ queueing systems with removable server. *Trabajo de Investigacion Operativa* **7,** 95–104.

[16] ARTALEJO, J. R. (1994). New results in retrial queueing systems with breakdown of the server. *Statistica Neerlandica* **48,** 23–36.

[17] ARTALEJO, J. R. (1997). Analysis of an $M/G/1$ queue with constant repeated attempts and server vacations. *Computers and Operations Research* **24 (6),** 493–504.

[18] ARTALEJO, J. R. (1998). Retrial queues with a finite number of sources. *Journal of the Corean Mathematical Society* **35 (3)**, 503–525.

[19] ARTALEJO, J. R. (1999). Accessible bibliography on retrial queue. *Mathematical and Computer Modelling* **30**, 1–6.

[20] ARTALEJO, J. R. (1999). A classical bibliography of research on retrial queues : progress in 1990-1999. *Queueing Systems* **7**, 187–211.

[21] ARTALEJO, J. R. (2000). G-Networks : A versatile approach for work removal in queueing networks. *European Journal of Operational Research* **126**, 233–249.

[22] ARTALEJO, J. R. AND CHOUDHURY, G. (2004). Steady state analysis of an $M/G/1$ queue with repeated attempts and two phase service. *Quality Technology and Quantitative Management* **1 (2)**, 189–199.

[23] ARTALEJO, J. R. AND FALIN, G. I. (1994). Stochastic decomposition for retrial queues. *Top* **2**, 329–342.

[24] ARTALEJO, J. R. AND GÓMEZ-CORRAL, A. (1997). Steady state solution of single server queue with linear repeated requests. *Journal of Applied Probability* **34 (3-4)**, 223–233.

[25] ARTALEJO, J. R. AND GÓMEZ-CORRAL, A. (1999). On a single server queue with negative arrivals and request repeated. *Journal of Applied Probability* **36**, 907–918.

[26] ARTALEJO, J. R. AND GÓMEZ-CORRAL, A. (2008). *Retrial queueing system : A computation approach*. Berlin, Springer Edition.

[27] ARTALEJO, J. R., GÓMEZ-CORRAL, A. AND NEUTS, M. F. (2001). Analysis of multiserver queues with constant retrial rate. *European Journal of Operational Research* **135**, 569–581.

[28] ARTALEJO, J. R. AND LÒPEZ-HERRERO, M. J. (2001). On the $M/G/1$ queue with quadratic repeated attempts. *Statistical Methods* **3**, 60–78.

[29] ARTALEJO, J. R. AND LÒPEZ-HERRERO, M. J. (2004). Entropy maximization and the busy period of some single server vacation models. *RAIRO-Operations Research* **38**, 195–213.

[30] ATENCIA, I. (2001). A queueing system under LCFS PR discipline with general retrial times. *Proceedings of the International Conference, "Modern Mathematical Methods of Investigating of the Information Networks, Minsk*, 30–34.

[31] ATENCIA, I., FORTES, I., MORENO, P. AND SÁNCHEZ, S. (2006). An $M/G/1$ retrial queue with active breakdowns and bernoulli schedule in the server. *Information and Management Sciences* **17 (1)**, 1–17.

[32] ATENCIA, I. AND MORENO, P. (2005). A single-server retrial queue with general retrial times and bernoulli schedule. *Applied Mathematics and Computation* **162**, 855–880.

[33] ATENCIA, I. AND MORENO, P. (2006). A discrete time $Geo/G/1$ with server breakdowns. *Asia Pacific Journal of Operational Research* **23**, 247–271.

[34] BAYNAT, B. (2000). *Théorie des files d'attente : des chaîne de Markov aux réseaux à forme produit*. Hermes Sciences Publications, Paris.

[35] BERDJOUDJ, L. (2006). Analyse des systèmes de files d'attente avec rappels et arrivées négatives. *Thèse de Doctorat en Mathématiques Appliquées, Université de Tizi Ouzou*.

[36] BERDJOUDJ, L. AND AISSANI, D. (2005). Martingale methods for analysing the $M/M/1$ retrial queue with negative arrivals. *Journal of Mathematical Sciences* **131 (3)**, 5595–5599.

[37] BOLAND, P. J. AND PROSHAN, F. (1994). *Stochastic order in system reliability theory*. In Stochastic Orders and their Applications (Eds : M. Shaked and Shanthikumar), Academic Press, San Diego, 485-508.

Bibliographie

[38] BOSE, S. K. (2002). *An introduction to queueing systems*. Plenum Publishers, Klumer Academics, New York.

[39] BOUALEM, M. (2003). Inégalités pour les systèmes d'attente avec rappels. *Thèse de Magister en Mathématiques Appliquées, Université des Sciences et de la Technologie Houari Boumediene*, U.S.T.H.B., Alger.

[40] BOUALEM, M. AND AÏSSANI, A. (2004). Inégalités pour les systèmes de files d'attente avec rappels et vacances du serveur. *Actes du Colloque International MSS'2004 (Modélisation Statistique et Stochastique)*, U.S.T.H.B., ISBN : 978-9947-0-173, Alger, 52–57.

[41] BOUALEM, M. AND AÏSSANI, D. (2006). Bornes stochastiques pour les caractéristiques du modèle $M/G/1$ avec rappels et vacances. *Actes de la Conférence ROADEF'2006 (7ème Congrès de la Société Française de Recherche Opérationnelle et d'Aide à la Décision), Lille, http ://www2.lifl.fr/ROADEF2006/programme.html*.

[42] BOUALEM, M., AÏSSANI, D. AND DJELLAB, N. (2005). Bornes pour la distribution stationnaire de la file $M/G/1$ avec rappels et vacances. *Actes du Colloque International COSI'05 (2ème Colloque International sur l'Optimisation et les Systèmes d'Information), Béjaia*, 558–570.

[43] BOUALEM, M., AÏSSANI, D. AND DJELLAB, N. (2007). Étude mathématique du modèle d'attente $M/G/1$ avec rappels linéaires et vacances. *Actes du Colloque International MOAD'07 (Méthodes et Outils d'Aide à la Décision), ISBN :978-9947-0-1958-0, Béjaia*, 741–746.

[44] BOUALEM, M., DJELLAB, N. AND AÏSSANI, D. (2008). Développement analytique pour l'obtention des distributions stationnaires du modèle d'attente $M/G/1$. *Actes des RAMA'VI (6ème Rencontre sur l'Analyse Mathématique et ses Applications), cf. Revue Campus, Numéro Hors Série, ISSN 1112-783X, Tizi-Ouzou*, **Vol.II**, 212–220.

[45] BOUALEM, M., DJELLAB, N. AND AÏSSANI, D. (2009). Stochastic inequalities for $M/G/1$ retrial queues with vacations and constant retrial policy. *International Journal MCM (Mathematical and Computer Modelling), Doi : 10.1016/j.mcm.2009.03.009, Elsevier Ed.* **accepted**,.

[46] BOUCHERIE, R. J. AND BOXMA, O. J. (1996). The workload in the $M/G/1$ queue with work removal. *Probability in the Engineering and Informational Sciences* **10**, 261–277.

[47] CASSANDRAS, C. G. AND LAFORTUNE, S. (2007). *Introduction to discrete event systems*. New York, Springer.

[48] CHOI, B. D., PARK, K. K. AND PEARCE, C. E. M. (1993). An $M/M/1$ retrial queue with control policy and general retrial times. *Queueing Systems* **14**, 275–292.

[49] CHOI, B. D., SHIN, Y. W. AND AHN, W. C. (1992). Retrial queues with collision arising from unslotted CSMA/CD protocol. *Queueing Systems* **11**, 335–356.

[50] CHOO, Q. H. AND CONOLLY, B. (1979). New results in the theory of repeated orders queueing systems. *Journal of Applied Probability* **16**, 335–356.

[51] CHOUDHURY, G. (2007). A two phase batch arrival retrial queueing system with bernoulli vacation schedule. *Applied Mathematics and Computation* **188**, 1455–1466.

[52] CHOUDHURY, G. (2008). Steady state analysis of an $M/G/1$ queue with linear retrial policy and two phase service under bernoulli vacation schedule. *Applied Mathematical Modelling* **32 (12)**, 2480–2489.

[53] COHEN, W. J. (1957). Basics problems of telephone traffic theory and the influence of repeated calls. *Philips Telecommunication Review* **18**, 49–100.

[54] COX, D. R. AND SMITH, W. L. (1961). *Queues*. Chapman and Hall Edition, London.

[55] COZZOLINO, J. K. AND YANG, H. (1968). A service system with unfilled requests repeated. *Operations Research* **16**, 1126–1137.

Bibliographie

[56] DELYON, B. (2002). Simulation et modélisation. *Cours de DEA/DESS, IRMAR, Université de Rennes-I, France.*

[57] DJELLAB, N. (2002). On the $M/G/1$ retrial queue subjected to the breakdowns. *RAIRO-Operations Research* **36 (4)**, 299–310.

[58] DJELLAB, N. (2003). Système de files d'attente avec rappels. Méthode d'approximation pour un système $M/G/1$ avec rappels et pannes. *Thèse de Doctorat en Mathématiques Appliquées, Université de Annaba.*

[59] DOSHI, B. T. (1986). Queueing systems with vacations, a survey. *Queueing Systems-Theory and Applications* **1**, 29–66.

[60] DOSHI, B. T. (1990). *Single-server queues with vacations.* In Stochastic Analysis of Computer and Communications Systems. Ed. H. Takagi (Elsevier, Amsterdam).

[61] DUDIN, A. N., KRISHNAMOORTHY, A., JOSHUA, V. C. AND TSARENKOV, G. V. (2004). Analysis of the BMAP/G/1 retrial system with search of customers from the orbit. *European Journal of Operational Research* **157**, 169–179.

[62] ERLANG, A. K. (1917). Solution of some problems in the theory of probabilities of significance in automatic telephone exchanges. *Elektroteknikeren* **13**, 5–13.

[63] FALIN, G. I. (1980). *An $M/M/1$ queue with repeated calls in the presence of persistance function.* Paper Number 1606-80, All-Union Intitute for Scientific and Technical Information, Moscow.

[64] FALIN, G. I. (1983). The influence in homogeneity of the subscribers on the functioning of telephone systems with repeated calls. *Engineering Cybernetics Review* **21 (6)**, 21–25.

[65] FALIN, G. I. (1986). On the waiting time process in a single-line queue with repeated calls. *Journal of Applied Probability* **23**, 185–192.

[66] FALIN, G. I. (1990). A survey of retrial queues. *Queueing Systems* **7**, 127–168.

[67] FALIN, G. I. AND TEMPLETON, J. G. C. (1997). *Retrial Queues.* Chapman and Hall, London.

[68] FAYOLLE, G. (1986). A simple telephone exchange with delayed feedbacks. *In : Boxma, O.J. Cohen, J.W. Tijms, H.C.(Eds.), Teletraffic Analysis and Computer Performance Evaluation. Elsevier Science, Amsterdam*, 245–253.

[69] FREY, A. AND TAKAHASHI, Y. (2000). *A note on an $M/GI/1/N$ queue with vacation time and exhaustive service discipline.* Technical Report, Dept. of Stochastics and NTT Multimedia Networks Laboratories, Japan.

[70] FUHRMANN, S. W. AND COOPER, R. B. (1985). Stochastic decomposition in the $M/G/1$ queue with generalised vacations. *Operations Research* **33**, 1117–1129.

[71] GELENBE, E. (1989). Random neural network with negative and positive signals and product form solution. *Neural Computation* **1**, 502–510.

[72] GELENBE, E. (1991). Product form queueing network with negative and positive customers. *Journal of Appllied Probability* **28**, 656–663.

[73] GELENBE, E., GLYNN, P. AND SIGMAN, K. (1991). Queues with negative arrivals. *Journal of Applied Probability* **28**, 245–250.

[74] GENEDENKO, B., BELIAEV, Y. AND SOLOVIEV, A. (1972). *Méthodes Mathématiques en théorie de la fiabilité.* Chapman and Hall, London.

[75] GINE, E., HOUDRE, C. AND NUALART, D. (2003). *Stochastic inequalities and applications.* Progress in Probability 56, Birkhäuser.

[76] GNEDENKO, B. V. AND KOVALENKO, I. N. (1967). *Introduction to queueing theory.* Nauka, Moscow.

[77] GÓMEZ-CORRAL, A. (1999). Stochastic analysis of single server retrial queue with general retrial times. *Naval Research Logistics* **46**, 561–581.

[78] GRASSMANN, W. (1991). Finding transient solutions in markovian event systems through randomization. *W.J. Stewart, Editor. Numerical Solutions of Markov Chains, Marcel Dekker, New York* 357–371.

[79] GREENBERG, B. S. (1989). $M/G/1$ queueing systems with returning customers. *Journal of Applied Probability* **26**, 152–163.

[80] GREENBERG, B. S. AND WOLFF, R. W. (1987). An upper bound on the performance of queues with returning customers. *Journal of Applied Probability* **24**, 446–475.

[81] HEYMAN, D. P. (1977). The T-policy for the $M/G/1$ queue. *Management Science* **23**, 775–778.

[82] JAIN, G. AND SIGMAN, K. (1996). A Pollaczek-Khintchine formula for $M/G/1$ queue with desasters. *Journal of Applied Probability* **33**, 1191–1200.

[83] KAPYRIN, V. A. (1977). A study of the stationary distributions of a queueing system with recurring demands. *Cybernet* **13**, 584–590.

[84] KE, J. C. AND CHANG, F. M. (2009). $M^{[X]}/(G_1, G_2)/1$ retrial queue under Bernoulli vacation shedules with general repeated attempts and starting failures. *Applied Mathematical Modelling* **33** (7), 3186–3196.

[85] KENDALL, D. G. (1953). Stochastic processes occuring in theory of queues and their analysis by the method of the imbedded markov chain. *Annals of Mathematical Statistics* **24**, 338–354.

[86] KHALIL, Z. AND FALIN, G. (1994). Stochastic inequalities for $M/G/1$ retrial queues. *Operations Research Letters* **16**, 285–290.

[87] KHOMICHKOV, I. I. (1995). Calculation of the characteristics of local area network with p-persistent protocol of multiple random access. *Honam Mathematical Journal* **56** (2), 208–218.

[88] KIMURA, T. (1986). A two moment approximation for mean waiting time in the $GI/GI/s$ queue. *Management Sciences* **32**, 751–763.

[89] KIMURA, T. (1987). Heuristic approximation for mean delay in the $GI/GI/s$ queue. *Economic Journal of Hokkaido University* **16**, 87–98.

[90] KIMURA, T. (1992). Interpolation approximations for mean waiting time in a multi-server queue. *Journal of the Operations Research Society of Japan* **35**, 77–92.

[91] KLEINROCK, L. (1975). Queueing systems-theory and applications. *John Wiley and Sons, Inc* **1**,.

[92] KLEINROCK, L. (1976). Queueing systems-computer applications. *John Wiley and Sons, Inc* **2**,.

[93] KOBAYASHI, H. (1978). *Modelling and Analysis : An introduction to system performance evaluation methodology*. The Systems Programming Series, Addison Wesley, Reading, MA.

[94] KOK, A. G. D. (1984). Algorithmic methods for single server systems with repeated attempts. *Statistica Neerlandica* **38**, 23–32.

[95] KOLESAR, P. (1979). A quick and dirty response to a quick and dirty crowd : Particularly to jack byrd's. *The Value of Queueing Theory. Interfaces* **9** (2), 77–82.

[96] KOSTEN, L. (1947). On the influence of repeated calls in the theory of probabilities of blocking. *De Ingenieur (in Dutch)* **59**,.

[97] KULKARNI, V. G. AND CHOI, B. D. (1990). Retrial queue with server subject to breakdowns and repairs. *Queueing Systems* **7**, 191–208.

[98] KULKARNI, V. G. AND LIANG, H. M. (1997). Retrial queues revisited. *In : J.H. Dshalalow, Editor, Frontiers in Queueing, CRC Press Inc, Boca Raton*, 19–34.

[99] KUMAR, B. K. AND ARIVUDAINAMBI, D. (2002). The $M/G/1$ retrial queue with bernoulli schedules and general retial times. *Computers and Mathematics with Applications* **43**, 15–30.

[100] LANGARIS, C. AND MOUTZOUKIS, E. (1996). Non-preemptive priorities and vacations in a multiclass retrial queueing systems. *Commun Statistics and Stochastic Models* **12**, 455–472.

[101] LARSON, R. (1987). Perspectives on queues : Social justice and the psychology of queueing. *Operations Research* **35 (6)**, 858–905.

[102] LEE, T. T. (1984). $M/G/1/N$ queue with vacation time and exhaustive service discipline. *Operations Research* **32**, 774–784.

[103] LEVY, Y. AND YECHIALI, U. (1975). Utilization of idle time in an $M/G/1$ queueing system. *Management Sciences* **22**, 202–211.

[104] LI, H. AND YANG, T. (1995). A single-server retrial queue with server vacations and a finite number of input sources. *Computers and Operations Research* **85**, 149–160.

[105] LI, H. AND ZHAO, Y. Q. (2005). A retrial queue with a constant retrial rate, server breakdowns and impatient customers. *Stochastic Models* **21**, 531–550.

[106] LI, Q. L., YING, Y. AND ZHAO, Y. Q. (2006). An $BMAP/G/1$ retrial queue with a server to breakdowns and repairs. *Annals of Operations Research* **141**, 233–270.

[107] LIANG, H. M. (1999). Service station factors in monotonicity of retrial queues. *Mathematical and Computer Modelling* **30**, 189–196.

[108] LIANG, H. M. AND KULKARNI, V. G. (1993). Monotonicity properties of single server retrial queues. *Stochastic Models* **9**, 373–400.

[109] LOPEZ-HERRERO (2002). On the number of customers served in $M/G/1$ retrial queue : first moments and maximum entropy approach. *Computers and Operations Research* **29**, 1739–1757.

[110] LUBACZ, J. AND ROBERTS, J. (1984). A new approach to the single server repeat attempts system with balking. *Proceedings 3rd International Seminar on Teletrafic Theory, Moscow*, 290–293.

[111] MOKDAD, L. AND CASTEL-TALEB, H. (2008). Stochastic comparisons : A methodology for performance evaluation of fixed mobile networks. *Computers Communications* **31**, 3894–3904.

[112] MØLLER, T. (2004). Stochastic orders in dynamic reinsurance markets. *Finance and Stochastics* **8**, 479–499.

[113] MÜLLER, A. AND STOYAN, D. (2002). *Comparison methods for stochastic models and risk*. John Wiley and Sons, LTD.

[114] NEUTS, M. F. AND RAMALHOTO, M. F. (1984). A service model in which the server is required to search for customers. *Journal of Applied Probability* **21**, 157–166.

[115] NIU, S. C. AND COOPER, R. B. (1993). Transform-Free analysis of $M/GI/1/K$ and related queues. *Mathematics of Operations Research* **18 (2)**, 486–510.

[116] OUKID, N. (1995). Comparaisons stochastiques de files d'attente. *Thèse de Magister en Mathématiques Appliquées, Université de Blida*.

[117] OUKID, N. AND AÏSSANI, A. (2008). On the retrial queues with breakdowns. *International Symposium on Operational Research, ISOR'08, Algiers, Algeria*, 2–6.

[118] OUKID, N. AND AÏSSANI, A. (2009). Bounds on busy period for queues with breakdowns. *Advances and Applications in Statistics* **11 (2)**, 137–156.

[119] POURBABAI, B. (1987). Analysis of a $G/M/k/o$ queueing loss system with heterogeneous servers and retrials. *International Journal of Systems Sciences* **18**, 985–992.

[120] RAHMOUNE, F. (2008). Développement en série et stabilité forte dans les systèmes d'attente avec vacances du serveur. *Thèse de Doctorat en Mathématiques Appliquées, Université de Béjaia*.

[121] RODRIGO, A. AND VAZQUEZ, M. V. (1999). Large sample inference in retrial queues. *Mathematical and Computer Modelling* **30,** 197–206.

[122] SAATY, T. (1961). *Elements of queueing theory and applications.* Mc Graw-Hill Book Company, New York.

[123] SAKAROVITCH, M. (1978). *Techniques mathématiques de la recherche opérationnelle : Processus aléatoires.* E.N.S.I.M.A.G., Vol.5, Grenoble.

[124] SCHERR, A. L. (1967). *An analysis of time-shared computer systems.* In Research Monograph, 36. Cambridge, Mass.

[125] SHAKED, M. AND SCHANTIKUMAR, J. G. (1994). *Stochastic orders and their applications.* Probability and Mathematical Statistics.

[126] SHERMAN, N. P. AND KHAROUFEH, J. P. (2007). An $M/M/1$ retrial queue with unreliable server. *Operations Research Letters* **34,** 697–705.

[127] SHIKATA, N. P., SUZUKI, Y., TAKAHASHI, Y., IHARA, T. AND NAKANISHI, T. (1999). Loss probability evaluation of PCS call-terminating control. *IEICE Transactions on Fundamentals of Electronics, Communications and Computer Sciences* E82A **7,** 1230–1234.

[128] SHIN, Y. W. AND KIM, Y. C. (2000). Stochastic comparisons of Markovian retrial queues. *Journal of Corean Statistical Society* **29,** 473–488.

[129] STEPANOV, S. N. (1983). *The numerical methods of calculation for systems with repeated calls.* Nauka, Moscow.

[130] STIDHAM, J. S. (2002). *Analysis, design, and control of queueing systems.* Technical Report, Department of Operations Research, University of North Carolina at Chapel Hill.

[131] STIDHAM, S. (1972). Regenerative processes in the theory of queue, with the applications to alternating-priority queue. *Advances in Applied Probability* **4,** 542–577.

[132] STOYAN, D. (1977). Ein stetigkeitssatz für einlinige wartemodelle der bedienungstheorie. *Maths Operations Forschu. Statist.* **2,** 103–111.

[133] STOYAN, D. (1983). *Comparison methods for queues and other stochastic models.* John Wiley and Son, Inc., New York, USA.

[134] TAKAGI, H. (1991). *Queueing analysis : A foundation of performance evaluation, Vol. I, vacation and priority, Part I.* North-Holland, Amsterdam.

[135] TEDIJANITO (1991). Stochastic comparisons in vacations models. *Commun Statistic-Stochastic Models* **7 (1),** 125–135.

[136] TEGHEM, J. (1986). Control of the service processing a queueing system. *European Journal of Operational Research* **23,** 141–158.

[137] TEMPLETON, J. G. C. (1999). Retrial queues. *Top* **7,** 351–353.

[138] THEODORE, P. H. AND CHRISTIAN, H. (1999). *Stochastic inequalities and their applications.* Contemporay Mathematics, 234, American Mathematical Society, Providence, RI.

[139] TIAN, N. AND ZHANG, Z. G. (2006). *Vacation queueing models : Theory and Applications.* Ed. Springer Science, Business Media, LLC.

[140] TIJMS, H. C. (1994). *Stochastic models : An algorthmic approach.* Wiley, Chichester (ISBN 0-471-95123-4). 385 p.

[141] TIJMS, H. C. (2003). *A First Course in Stochastic Models.* Wiley, Chichester (ISBN 0-471-49881-5). 486 p.

[142] TRAN-GIA, P. AND MANDJES, M. (1997). Modelling of customer retrial phenomenon in cellular mobile networks. *IEEE, Journal on Selected Areas in Commmunocations* **15,** 1406–1414.

[143] TRIVEDI, S. K. AND MALHOTRA, M. (2002). *Reliability and performability techniques and tools : A survy*. Technical Report, Department of Electrical Engineering, Duke University, Durham, USA.

[144] VISWANADHAN, N. AND NAHARI, Y. (1992). *Performance modelling of automatic manufacturing systems*. Prentice Hall, Englewood Cliffs.

[145] WANG, J. (2006). Reliability analysis of $M/G/1$ queues with general retial times and server breakdowns. *Progress in Natural Science* **16 (5)**, 464–473.

[146] WANG, J. AND ZHAO, Q. (2007). Discrete-time $Geo/G/1$ retrial queue with general retrial times and starting failures. *Mathematical and Computer Modelling* **45**, 853–863.

[147] WENHUI, Z. (2005). Analysis of a single server-retrial queue with FCFS orbit and Bernoulli vacation. *Applied Mathematics and Computation* **161**, 353–364.

[148] WILKINSON, R. I. (1956). Theories for toll trafic engineering in the USA. *Bell Systems Technical Journal* **35 (2)**, 421–514.

[149] WILKINSON, R. I. AND RADNIK, R. (1968). *Customer retrials in toll circuit operation*. IEEE International Conference on Communications.

[150] WOLFF, R. W. (1982). Poisson arrivals see time averages. *Operations Research* **30**, 223–231.

[151] YANG, T., POSNER, M. J. M., TEMPLETON, J. G. C. AND LI, H. (1994). An approximation method for the $M/G/1$ retrial queue with general retrial times. *European Journal of Operational Research* **76**, 552–562.

[152] YANG, T. AND TEMPLETON, J. G. C. (1987). A survey on retrial queues. *Queueing Systems* **2**, 201–233.

Résumé

Dans ce travail, nous traitons les systèmes d'attente avec rappels et vacances. Ce type de systèmes diffère des systèmes classiques par l'existence de deux paramètres supplémentaires : rappels et vacances.

Dans la première partie de cette thèse, nous avons actualisé la synthèse sur les travaux les plus connus relatifs aux modèles d'attente (avec rappels, avec vacances et avec rappels et vacances). Nous avons mis l'accent sur les politiques de rappels qui contrôlent l'accès d'un client de l'orbite au serveur, et nous avons donné des motivations et des champs d'application pour chaque type considéré de files d'attente. Ensuite, nous avons considéré l'exemple particulier de la file d'attente M/G/1 avec rappels classiques et vacances. Nous avons effectué une analyse stationnaire vaste de ce système, comprenant l'existence du régime stationnaire, la chaîne de Markov incluse et la distribution stationnaire de l'état du serveur. Nous avons également dérivé des formules pour la distribution limite de l'état du serveur, la décomposition stochastique et quelques mesures de performance.

En raison de la complexité des modèles d'attente avec rappels, les résultats analytiques sont généralement difficiles à obtenir ou ne sont pas très exploitables du point de vue pratique. Pour résoudre le problème, il existe plusieurs méthodes numériques et d'approximation.

Dans la deuxième partie de ce travail, nous nous sommes focalisés sur les propriétés de monotonie qui permettent d'établir quelques bornes stochastiques utiles dans la compréhension de modèles compliqués et leur remplacement par des modèles plus simples pour lesquels, une évaluation peut être faite. Nous avons considéré l'exemple particulier de la file d'attente M/G/1 avec rappels constants et vacances exhaustives du serveur. Nous avons dérivé différentes inégalités stochastiques par rapport aux ordres stochastique et convexe, qui assurent la monotonie de l'opérateur de transition associé à la chaîne de Markov induite. Les inégalités stochastiques obtenues fournissent des bornes simples pour la distribution stationnaire de la chaîne de Markov induite liée au modèle d'attente étudié.

Mots-clés : Files d'attente avec rappels ; Vacances ; Chaîne de Markov ; Distribution stationnaire ; Décomposition stochastique (SDP) ; Ordre stochastique.

Abstract

In this work, we deal with retrial queueing systems with vacation. This type of systems differs from the classical queueing systems by the existence of two supplementary parameters : retrials and vacations.

In the first part of this thesis, we started by actualizing a synthesis on the most known works on queues (with retrials, with vacations and with retrials and vacations). We placed more emphasis on retrial policies, and we gave motivations and application fields for each considered type of queues. After that, we considered the particular example of an M/G/1 queue with classical retrial policy in which the server operates under a general exhaustive service vacation policy. We carried out an extensive stationary analysis of this system, including the existence of stationary regime, embedded Markov chain and steady state distribution of the server state. We also derived formulas for the limiting distribution of the server state.

Because of the complexity of retrial queueing models, analytic results are generally difficult to obtain or are not very exploitable in practice. To resolve the problem, there are many numerical and approximation methods.

In the second part of this work, we focused on monotonicity properties which allow to establish some stochastic bounds helpful in understanding complicated models by more simpler models for which an evaluation can be made. We considered the particular example of an M/G/1 queue with constant retrial policy and server vacations. We derived several stochastic comparison properties in the sense of strong stochastic ordering and convex ordering. The stochastic inequalities provide simple insensitive bounds for the stationary queue length distribution.

Key words : Retrial queues ; Vacation ; Markov chain ; Stationary distribution ; SDP ; Stochastic ordering.

Oui, je veux morebooks!

i want morebooks!

Buy your books fast and straightforward online - at one of world's fastest growing online book stores! Environmentally sound due to Print-on-Demand technologies.

Buy your books online at
www.get-morebooks.com

Achetez vos livres en ligne, vite et bien, sur l'une des librairies en ligne les plus performantes au monde!
En protégeant nos ressources et notre environnement grâce à l'impression à la demande.

La librairie en ligne pour acheter plus vite
www.morebooks.fr

VDM Verlagsservicegesellschaft mbH
Heinrich-Böcking-Str. 6-8   Telefon: +49 681 3720 174   info@vdm-vsg.de
D - 66121 Saarbrücken   Telefax: +49 681 3720 1749   www.vdm-vsg.de